The Architecture for the Spirit of Hunan

The Section

01

矶崎新
湖南省博物馆新馆
建筑总设计师

胡倩
湖南省博物馆新馆
建筑设计总监

荷叶亭亭，出于水泽，荷叶亭亭，如伞如盖。绚丽华贵的木芙蓉与淡雅高洁的荷花，生于湘楚，所以谓之：芙蓉国里尽芬芳。这既是湖湘人似隐似现的人格追求，也是沉淀下来的湖湘人集体意识的花语。建筑大师、湖南省博物馆新馆建筑总设计师矶崎新先生很好地理解和把握了这种象征意义。在他为湖南省博物馆的新馆建筑形象所构思的初始手稿上，所绘的就是一叶飘逸轻盈的荷叶，荷叶阔大，密密雨滴垂直倾泻而下，亦可以理解为一片飘逸的云朵，浮现在绿色葱葱的树荫之上，当然，此造型也可以视为凝固的洞庭水，使一片叶、一朵云、一滴水完美地融合在一起。

构筑呈现 | 湖南省博物馆新馆 | 一体化设计
MELODY OF CREATIVITY

4

从概念图纸到设计图纸，荷叶伞盖的艺术造型逐渐演变为巨大的屋顶，而雨滴形成的线则演变为支撑屋顶的兼具功能与装饰作用的垂直支柱。湖南省博物馆新馆的形象，由此胚芽生发。

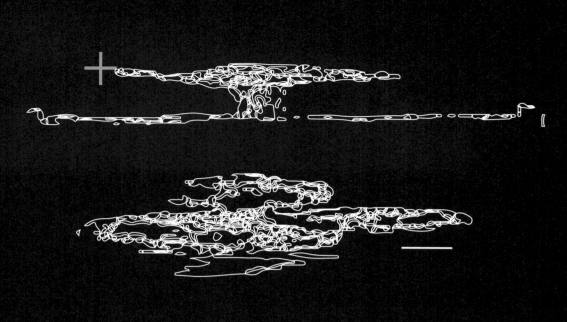

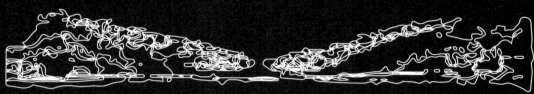

矶崎新："融湖水、人的活动、文化内核于一体。"

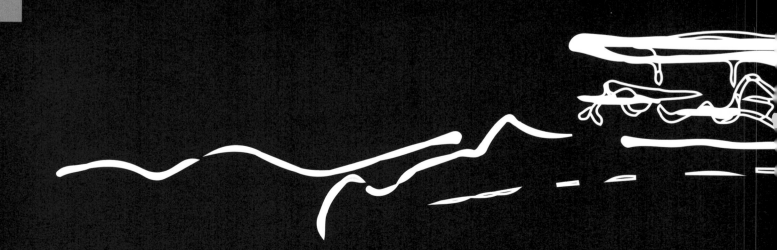

矶崎新：博物馆的英文单词是"MUSEUM"。我设计过世界上很多与湖南省博物馆同类型的文化建筑，而湖南省博物馆在建筑和展陈上有着从古到今空间的连续性，这是世界上同类型建筑中少有的。我希望它是一个能让长沙、湖南骄傲的博物馆。我一直怀揣着这个初衷来设计：它是一个超越"MUSEUM"的空间，是一个"M·PLUS"。

"湖湘"文化离不开"湖"，其中最著名的就是洞庭湖。长沙在洞庭湖的南面，拥有山、湖之间得天独厚的地理位置。同时，湘江蜿蜒穿过长沙城。因此，设计将"湖湘文化"以"水"的形态具象化，呈现为水汽营造的一种气场。

如何将"水汽"以建筑的形式呈现出来？它应该是一种浮现、融合的状态，并非完全沉到地里，而是有着某种轻盈的漂浮感。它代表一种时间上的跨度和穿越：从地下长出来的是接地气的文脉和根基；浮在上方的是根基之上的时代和未来；在空中慢慢展开身姿之后，是一种非常具有时代感的形态。

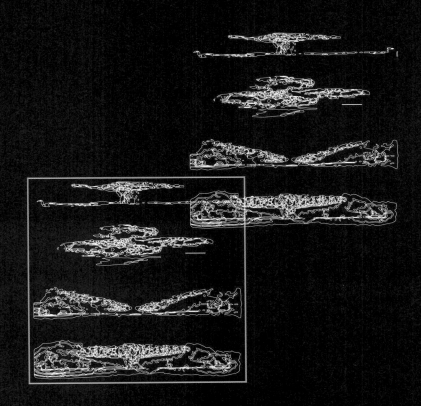

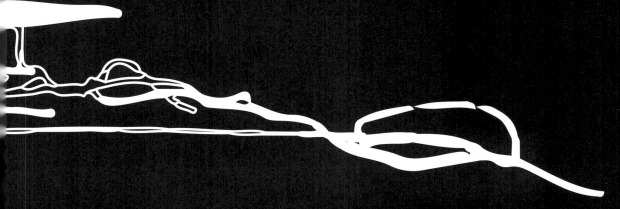

矶崎新手稿

随着时间的推移，博物馆的内容是在不断扩展的。博物馆类型的建筑，开馆后不应该成为一成不变的状态，事实上开馆那天才是它生命的开始。

改扩建开始的初步概念中，依旧想保留这份建筑与景被岁月融为一体的"相离相合"之美——洞庭湖水面上漂浮而来一个"大鼎""大屋顶"，"隔着一片树林和水面望去，只看得到悬浮的屋顶……"环境与建筑融合得恰到好处，成为融入自然的建筑。

于是，就有了黄建成先生给新湘博设计方案取的名字——"鼎盛洞庭"。好的建筑，能将美观与功能结合到极致。"大屋顶"内藏乾坤，它的内部是高级别的报告厅兼音乐厅，当然也是湖南省博物馆改扩建总体设计系统中耀目的亮点和光环。

湖南省博物馆新馆正式开馆前，联合设计团队集体巡馆。

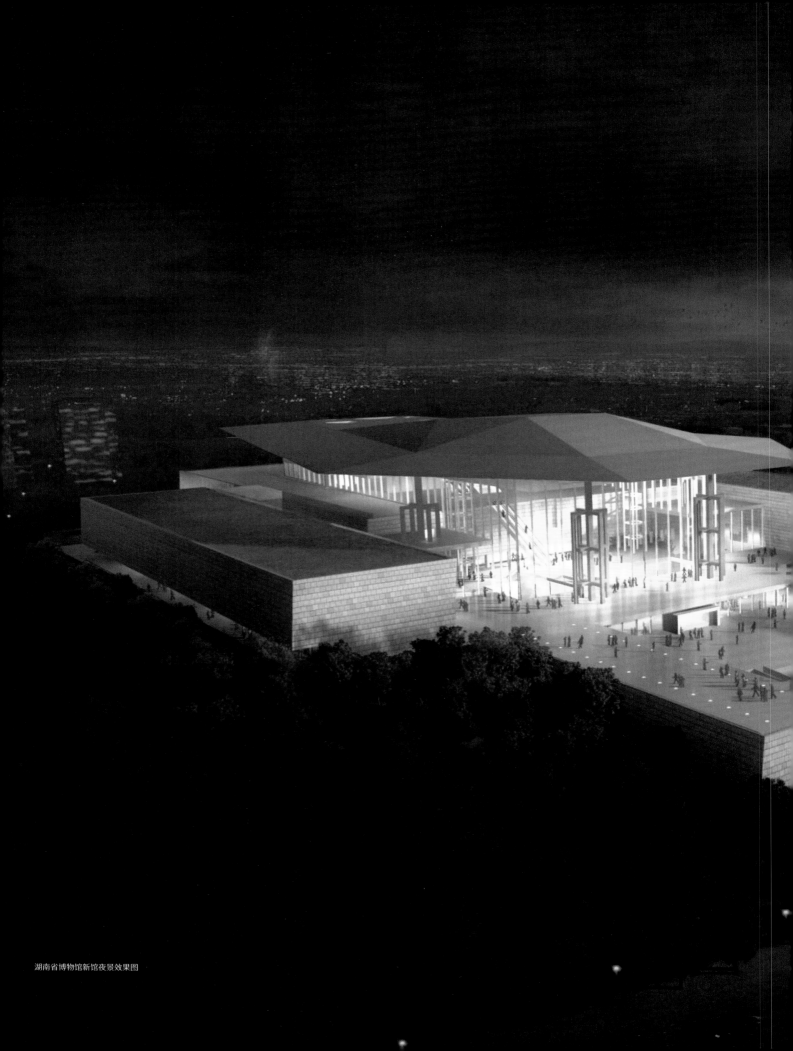

湖南省博物馆新馆夜景效果图

第二章
设计之融

博物馆设计一体化
一体化设计N面向

The
Integrated of
Design

The
Section
Two

02

《我看湖南省博物馆设计的一体化》
————黄建成

**"My view on the Integration
of Hunan Provincial Museum Design"**

黄建成
湖南省博物馆新馆
室内、展陈总设计师

> "谈到湖南省博物馆的改扩建设计，就必然要谈到其总体设计的一体化概念。其中既包含策划、规划、景观、建筑、室内、展陈、视觉、产品等诸多环节及其学科理念的串联、融合与总体控制，同时更重要的是一体化理念的整体美学思想和总体思维上的哲学化、逻辑性架构，不然很难想象这些庞杂的内容体系、这么多活生生的创意团队可以和谐地契合在一起完成整体设计。"

　　"湖南省博物馆的室内设计是其总体设计的一部分，其落点介于建筑设计和室内展陈设计之间。一方面，室内设计要承接矶崎新先生建筑设计的风格，与建筑美学相一致，将建筑的美学思想、风格元素、材质、肌理等观念和语言传递到室内设计的系统中来；另一方面，还必须与博物馆的展陈内容和转译形式所对接。"

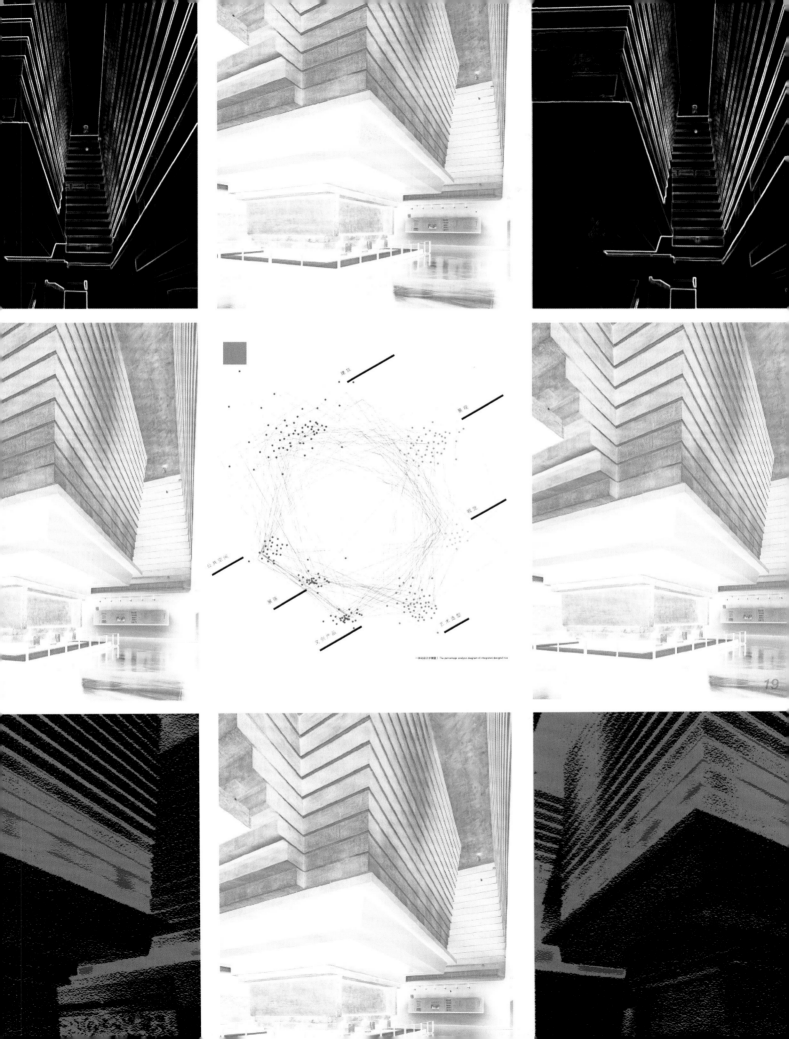

一体化设计步骤图 | The percentage analysis diagram of integrated designed rice

室内设计既要与这二者吻合、协调，又不能完全服从于二者；既要与文化空间的基调相一致，满足导引观众、传递文化、人流疏导、举办大型活动等基本功能，还要体现湖湘文化元素、发散时代气息，且保持一定的独立性，从而呈现出自己鲜明的特色。

湖南省博物馆新馆入口艺术大厅共享公共空间

2011 年湖南省博物馆改扩建概念竞赛投标现场，从左至右：胡倩，矶崎新，黄建成，段晓明（主持会议）

2013 年联合设计团队考察美国相关博物馆等文化空间

从一开始考虑湖南省博物馆的设计体系时，我们就是秉承着"一体化"的设计理念在做。我所代表的中央美术学院设计团队和日本矶崎新大师工作室组成联合团队，团队的任务就是要"你中有我，我中有你"。前期部分是以矶崎新先生的建筑设计为主导，我们协助延伸，将想法导入进去；后期部分则是由我们主导室内设计和展陈设计，进行整体策划、整体设计、整体推进，直至将全新的一体化的湖南省博物馆向全社会呈现。

　　虽然这种磨合还有进一步提升的空间，但这可以说是国内第一个尝试"一体化"设计理念的博物馆设计案例，也是一次探索在一体化总体设计理念下充分利用共性元素而又保持个性色彩的各项分支设计、支撑设计和谐相生的有益尝试。

　　室内设计最大的亮点是进入湖南省博物馆的第一个大厅——艺术大厅。艺术大厅既有老博物馆的柱廊，又有新湘博的设计体系融合加持，包容了多种元素，承接了多种功能，体现了新与旧、当代与传统的对话，视觉上也非常通透、当代，且具有时代气质。观众站在这里时，可以感受到被很强的时代气息和浓烈的艺术氛围所包裹、浸润。

构妙呈现　湖南省博物馆新馆一体化设计

MELODY OF CREATIVITY

24

　　另一个亮点体现在人流设计上。湖南省博物馆每日预计接待约 1 万至 1.2 万人次，节假日可能更多。在一些疏导空间的处理上，如艺术大厅两侧柱廊、通道的设计，设计团队做了很多努力，对瞬时人流和平均人流进行了合理的研判和处理，以满足疏导的功能性和通达性。在艺术性的考虑上，我们将建筑设计中的特色融入进来。比如将外挂石材的色彩肌理风格引入室内系统，并且使用了一些民间传统的夯土建筑形式，使整个大厅等公共空间富有历史的纵深感和视觉冲击力。

湖南省博物馆新馆柱廊

湖南省博物馆的室内设计还有一个特色，就是建筑主体的大屋顶设计。在建筑设计方案中，一汪洞庭湖水"悬浮""凝固"在建筑的上空，既增加了建筑的整体辨识度与历史厚重感，又非常恰当地嵌入了一个国际报告厅的功能。我认为其室内设计效果及定位是目前湖南省最好、最有品质、最具有文化气息的一个国际报告厅，也是未来博物馆承接大型文化活动的重要空间，更是湖南省博物馆乃至湖南省的一张名片。在室内设计上，设计团队紧密结合了建筑设计系统留存的异形结构，在现有空间、条件下最大限度地将国际报告厅设计得具有未来感和人文气息。国际报告厅将成为湖南省博物馆新馆设计中耀眼的一个风格化亮点，也是室内设计承接建筑风格的同时凸显自身特点、视觉感受的优秀范例之一。

　　在一体化思维影响下的展示陈列体系设计中，"马王堆"主题展馆最大的特色是按照1：1的比例复原马王堆汉墓墓坑结构、重现阶梯式夯土墓坑来贯穿整个马王堆参观流程的组合设计。此设计定位能使参观者直观地感受到文物出土地的现场氛围和冲击力。采用叠加的、立体的、穿透式的结构形式承接三层上下的参观流线，使建筑空间的营造与文物的展示融为一体，也将辛追夫人一生波澜起伏的历史生活轨迹凸显在这一"生前死后"的叙事主线之中。这一非常具有唯一性的空间节奏和动线流程设计，亦是展陈设计与建筑设计、室内设计相整合，进行统一考虑、处理的杰作。

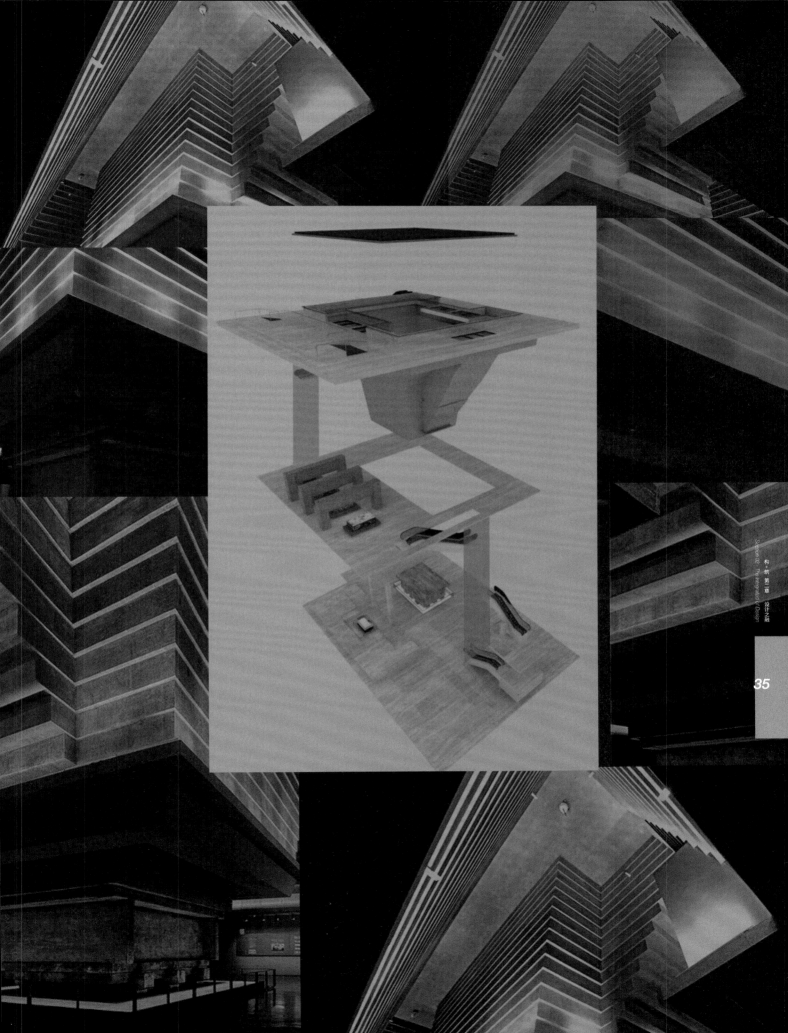

作为"湖南通史"的"湖南人"展馆则采用时间线性轨迹，运用逻辑铺陈的阐释方式娓娓道来。通过文物进行讲述，将湖南人的生活痕迹及其湖湘文化内核所形成的脉络以画卷的方式传达、诉说、呈现给观众。

"马王堆"主题的陈列是故事情节的展示，"湖南人"主题的空间叙述则是时间线性的铺展，二者形成了展览结构上的差异和互补。这是当代历史观与古老历史文物之间的对话，也是总体设计上制造情绪冲突和调性差异的手法所达到的综合效应。

在湖南省博物馆这样一个复杂的空间内容体系构建中，必然要兼顾、关联大设计的诸多要素，也要找到设计之所以成为设计学科的定位和要求。

湖南人展厅效果图

我们总说："设计需要平衡，源于设计本身的属性和诉求"。设计的对象不是"我"，而是"你"，是委托方，或者说观众。我们的工作要综合他们的需求，倾听他们的心声，但又不能完全被这些声音所左右。需要有机地将这些声音梳理、提炼、叠加，在取得它们给予的空间、内容以及制约条件之后，再把设计发挥到极致，这也是一体化设计体系要素的核心要点之一吧。

湖南省博物馆新馆的建设，需要将老馆最具亮点的部分保留，尽可能体现湖湘特色。比如廊柱的保留处理，以及湘博总体的叙事系统中对传统、历史的借用、挪用，也是比较有效的手段。再比如"湖南人"主题展示中，设计团队将一栋最具代表性的湖南古老民居，以及独具风味、历史感的古井、古道进行处理后，在展厅中复原陈列，使其成为诉说生生不息的湖南人发展轨迹中生活部分的例证。同时也用一系列类似的"重新提炼、再次升华"的手法来烘托文物，展现文物背后的故事，让湖南省博物馆成为一个具有强烈历史性、符号感和独特性的博物馆，成为让人留下记忆、不断回味的精神家园。

黄建成："在长期的设计创作与实践过程中，一方面我深刻体会到了'民族的就是世界的'这句话的含义，同时另一方面，也深深地认识到国际化语言、世界的元素也可以融合到我们本身的设计体系中来，从而让设计本身更具有生命力和前瞻性。"

湖湘文化的包容性是非常强的。在湖南省博物馆新馆的整体设计中，设计团队多方面、全方位地运用了具有湖湘元素特色的视觉符号，使其产生了历史与现代、国际与本土融合的强大感染力。比如"大屋顶"上凝固的洞庭水公共艺术体系中的荷塘映像、艺术大厅的湖湘纹理符号、高度提炼的磨漆画等，都生动地说明了湖湘文化与洞庭湖、水、云等自然物像的对应关系。洞庭湖与湖湘文化密切相关，而水的流动感与其他刚性的、立体化的结构元素形成对比，产生一种软性的心理感受，形成刚柔相济、融汇共振的效果。

构筑呈现
湖南省博物馆新馆 | 体化设计
MELODY OF CREATIVITY

湖南省博物馆中非常重要的历史遗产是马王堆汉墓出土文物，马王堆墓坑本身就是一个建筑空间。这个空间的呈现，是通过大型结构体进行架构——这种博物馆的组成空间已经是世界上十分独特的案例，构成了湖南省博物馆非常重要的特征之一。
——矶崎新谈湖南省博物馆一体化设计

在室内设计的视觉系统总体设计上，也采用了与自然、人、水、书法等相关的元素符号，让观众近距离地感受湖湘文化的灵动之美。比如"湖南人"主题展厅内最具代表性的古建筑，它既是容器，也是内容本身。以及"马王堆"主题展厅，采用了对比度强烈的红黑色调来凸显湖湘文化更深层次的魅力和强烈的象征性。这种理念、情绪和设计语言的交织共融也体现在室内设计、空间展示体系一体化的其他系统之中。诸如视觉、景观体系、临展厅、公共艺术、文创产品等分支设计均有体现，这也是总体设计一体化理念的内蕴。

综上，博物馆最主要的功能是让文物"说话"，设计无论在具象还是意象、显性还是隐性的表达上，都是为了烘托文物、服务主题，让它们更好地"讲述"，这才是强调和主张总体设计一体化理念的核心诉求。

我真诚地希望湖南省博物馆以兼容国际性和地域性的崭新形象，成为湖南文化的视觉标杆，以当代的文化态度和艺术立场向全世界展示、诠释湖湘文化的核心思想，面向未来充满强大生命力。

湖南省博物馆一体化
设计面面谈

Talk about the Integrated Design of Hunan Museum

讲述人：何为

何为
湖南省博物馆新馆
室内、展陈设计总监

"展馆修建的初始阶段就确定了马王堆为其中最主要的一个展览。马王堆如何与建筑进行一体化设计？设计从后者仰望先者的角度出发，帮辛追夫人重修寝宫，由此产生复原的墓坑。这也是将辛追夫人放在最下层的原因。从宏观上看，设计主要是以后人为前人修饰寝宫的概念出发——我们怀有对祖先的尊敬、对人文情怀的感染，辛追夫人作为既综合现代展览的要素，又综合中国人对于传统伦理道德的理解，而非供游客欣赏的展示角度，来进行整体空间的设计。"

——何为谈湖南省博物馆一体化设计

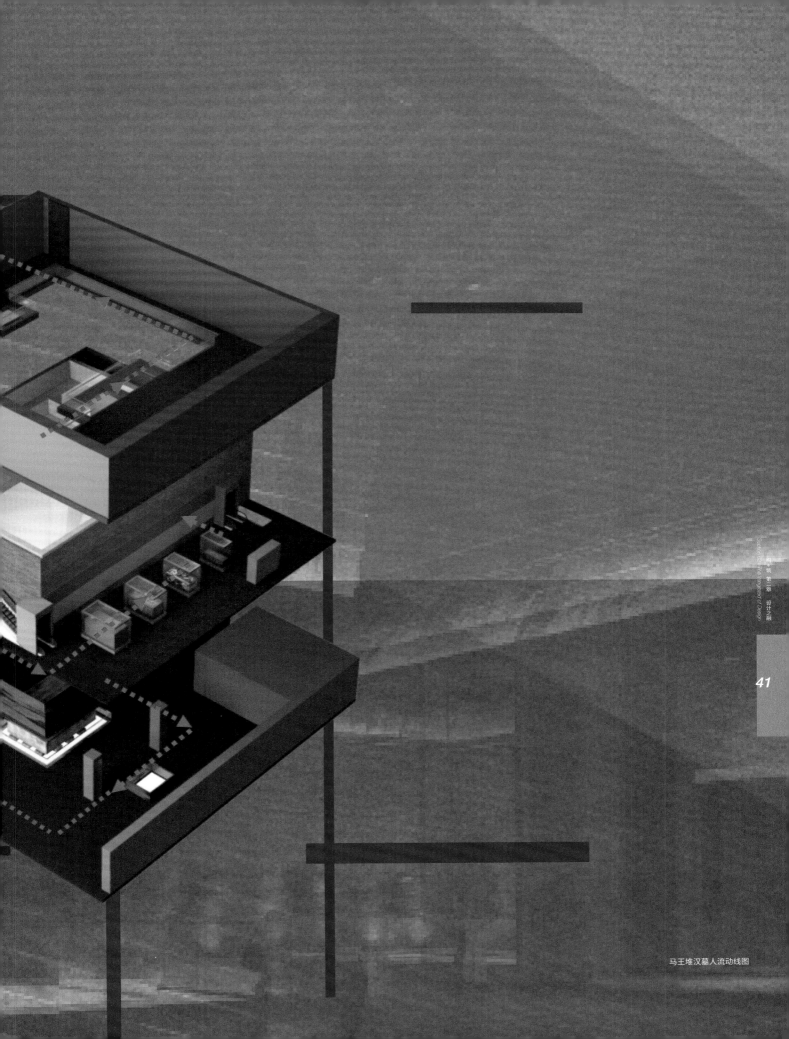

马王堆汉墓人流动线图

一体化设计面面观

Talk about the Integrated Design of Hunan Museum

讲述人：陈一鸣

陈一鸣
湖南省博物馆新馆
展陈设计总监

"在国内常规博物馆展陈设计项目中，往往会采取一种从建筑设计 - 内容策划 - 形式设计的线性工作流程。展陈形式设计作为博物馆呈现的最终落点，不但要服从于展示内容的设计，还要依附于建筑空间而存在。而本次湖南省博新馆建设秉承'一体化'设计理念，使博物馆建设形成一种更为整体化的环状工作结构 - 跨专业 - 团队工作。"

馆藏　教育　运营

内容策划

灯光

版面布展

展示空间

建筑空间

多媒体

场景

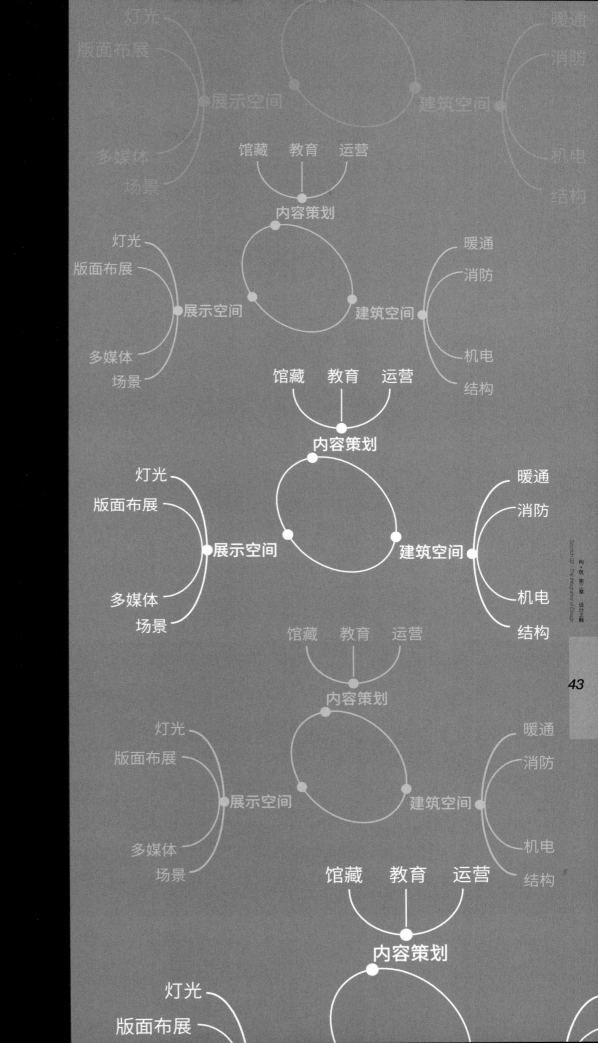

Section 02 The Integration of Design

构·筑 第二章 设计交融

一体化设计—形象识别

Visual Concept

讲述人：韩家英

韩家英
湖南省博物馆新馆
视觉设计总监

"以矶崎新手绘作为灵感来源，融入富含湘楚文化的书法艺术，形似祥龙般身躯腾跃、爪甲挥舞，使现代时尚线条与中国传统精粹交汇融合。"

　　品牌识别系统的基础设计要素是湖南省博物馆对内和对外传达品牌信息、诉诸公众形象以及统一形象识别的基础内容，湖南省博物馆在其所有的应用扩展中，均以此为根本加以展开。

湖 南 省 博 物 馆

湖 南 省 博 物 馆

4
3
2
1
0 1 2 3 4 5 6 7 8 9 10 11 12 13 14 15 16 17 18 19 20 21 22 23 24 25 26 27 28 29 30 31 32 33 34 35 36 37

HUNAN MUSEUM

HUNAN MUSEUM

3
2
1
0 1 2 3 4 5 6 7 8 9 10 11 12 13 14 15 16 17 18 19 20 21 22 23 24 25 26 27 28 29 30 31 32 33 34 35 36 37 38 39 40 41 42 43 44 45 46 47 48 49 50 51 52 53 54

书法线条轻柔飘逸，体现湘楚文化的婉约灵动；深沉简洁的色调，象征博物馆厚重的历史沉淀。中英文字体设计采用现代简约手法，充满时代感和时尚感，同时也便于国际沟通交流之用。

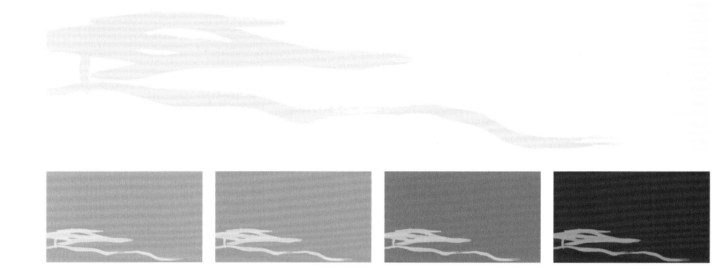

湖南省博物馆

HUNAN MUSEUM

C0 M0 Y0 K10	C0 M0 Y0 K25	C0 M0 Y0 K40	C0 M0 Y0 K70	C0 M0 Y0 K90
C45 M30 Y43 K0	C30 M20 Y30 K0	C30 M25 Y55 K20	C12 M10 Y30 K10	C30 M45 Y60 K30
C40 M100 Y100 K0	C20 M80 Y100 K0	C15 M25 Y85 K0	C70 M100 Y45 K0	Pantone 161 U

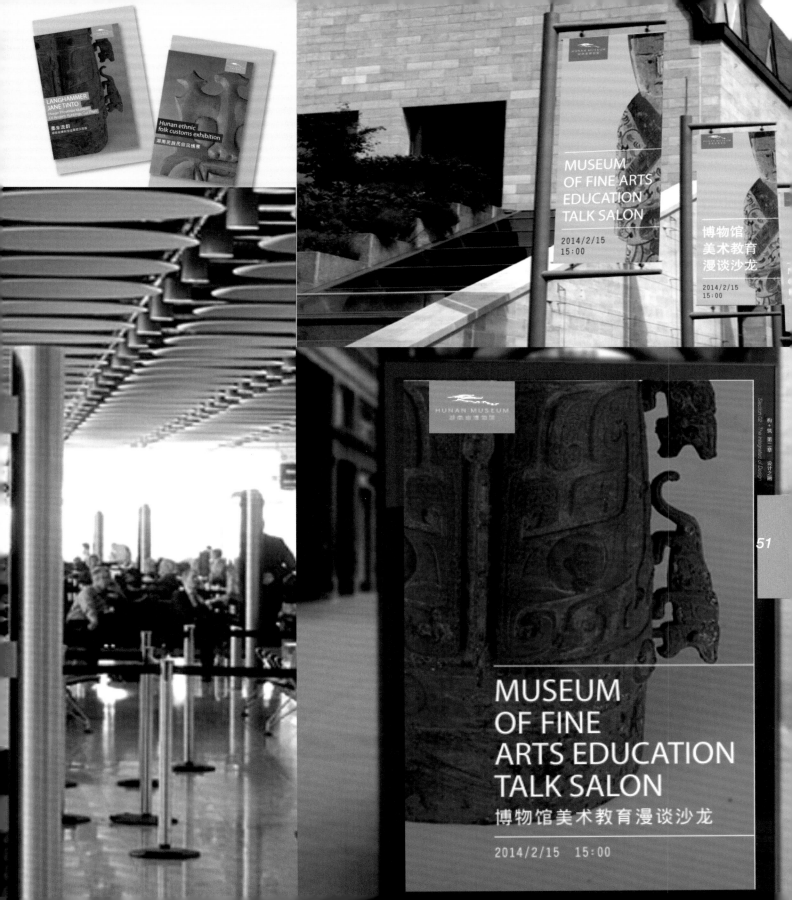

B1

→

MUSEUM SHOP ｜ 博物馆商店
SELF-SERVICE REGISTER ｜ 自助寄存处
REGISTER ｜ 寄存处
SELF-SERVICE QUERY ｜ 自助查询

←

安检处 ｜ TICKET EXAMINER
展厅入口 ｜ ENTRANCE

版面设计
Graphic Design

赵燕

湖南省博物馆新馆
视觉主设计

"马王堆汉墓陈列，首先突出的是汉文化的基调，从空间设计制定的色彩来看，选用了汉文化最有代表性的红黑色调。具体设计时，我们削弱了黑度，使用了红色与深灰两种色彩的结合。"

项目初期，设计团队对两个主题展览的脚本进行分析，挖掘设计概念、寻找设计图形与内容之间的关联，进而敲定截然不同的设计方案框架。在此基础上构建的设计方案，通过一定的艺术手段，根据两个展览不同的要求，以差异化的设计方式呈现在展陈空间中。

马王堆是故事情节的展示，"湖南人"是时间线性的布展，二者形成展览结构上的差异和互补。设计团队根据空间设计、空间布局和材质，对两个展厅的设计风格和思路，做了一些定位和梳理。

简帛典藏

惊世发掘

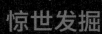

生活与艺术

永生之梦

汉代璀璨文明的再现
——马王堆汉墓陈列

赵燕：“在马王堆汉墓陈列的平面设计中，我们的设计手法详尽地体现在深度发掘与解读细节上面。”

马王堆汉墓陈列的版面设计紧紧跟随空间设计的脉络与气质，庄重、典雅。通过几个主要展厅较为安静的氛围，将利苍一家及背后西汉初期高雅的文化格调与生活方式娓娓道来，与整个展厅最大型、最有突破性的三层墓坑空间复原场景多媒体交叠。整体展厅实现了空间与多媒体、信息设计与展品的高度一体化呈现。

在材料质感上，马王堆全馆都采用铝板。铝板的质地硬朗、简约、现代，呈现的空间质感干脆利落，是从功能和审美上都非常耐看、耐用的一种材质。因其而来的形态设计手法，同样是以"薄"为主，这样才能使平面设计尽可能地贴合空间。在进行层级设计、图像设计、信息设计时，都秉承了这一设计理念，削减平面设计的存在感，凸显展品与空间。

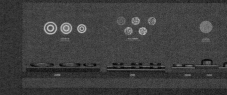

马王堆汉墓出土的文物中最经典的，一个是"素纱禅衣"，其高超的制作技艺代表了西汉初期养蚕、缫丝、织造工艺的最高水平；一个是T形帛画，为迄今发现的汉代最早的独幅绘画作品。它们都代表了汉代高度发达的文明、古人对于人的生死界限的打破以及对永生的愿望，有着非常强大的逻辑性，体现了特别有代表性的高超技艺。在T形帛画的解读中，包括对汉代时期一些生活形态的分析等细节性的表述非常多。

马王堆汉墓也出土了当时中国第一批医药养生、天文地理等领域的文献，记述了传统科学、传统医学以及地理星象方面的内容，所以设计的重点是文物和文化背景的解读呈现。

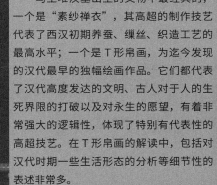

"湖南人"展厅的整体空间气质比较鲜活，空间上注重用不同的材质、尺度的高低，来形成自身的展览秩序。比如使用了硬朗的基建和软性材料组成的半隔断的结合，使空间的整体呈现比较灵动，观众的参观动线也不会太枯燥。

"湖南人"展厅的重点是讲述湖南省最有代表性、最具特色的陈列品。通过分析湖南省的地域特色与人文特色，抽取出了山、水、云的设计符号，将空间与平面的结合，将它们融入展陈空间中。

设计思路与设计风格定位简洁，以最大限度地突出文物、丰富空间氛围为主要目标，摒弃了一些复杂的设计手法。在展陈设计中，通常平面设计是在空间设计的引领之下，空间的气质决定了平面设计的气质。

在色彩体系上，展厅背景整体呈现为深灰色基调。设计以来自天空的纯净的蓝色，作为第一展厅的色彩体系，象征洁净的自然风貌。在历史展厅的陈设系统中，蓝色是比较新鲜的一抹色彩。第二展厅与第三展厅中使用了大量暖调的朱红色，较为温润，以增强人文气息。

这两种色彩在深灰色基调的统一之下，构成了"湖南人"展厅大的色彩体系。在色彩体系的应用上，尽量使色彩摆脱沉闷的、无明显色彩倾向的米黄色、赭石色等传统历史博物馆色调，赋予色彩比较明朗的个性，以突出、建构展厅环境的精神气息。实践证明，即使是在历史展陈里，明朗的色彩同样能凸显文物，并且赋予环境更为个性、有力的记忆特征。

　　平面设计不是割裂地讲述某一个板块的独立设计。信息与信息之间、信息与空间之间的关系，应该都是互相串联的，它产生于一个大的空间架构之下。展厅版面设计的实质，是通过图片、文字、图表等综合信息，更好地阐释和解读展示主体的内容，展现文化脉络的梳理，适当地提升空间氛围。在进行大体量场馆的平面设计时，需要一种共通的把控能力。通过节奏丰富的版式设计，深度挖掘图像本身的魅力，不断强化整体的一致性，以及和空间的高度融合，绝不是简单、重复地加入外挂，死板地定义某些教条的规则。

　　赵燕："好的版面视觉，从观看的角度应该是舒服的、灵活的，它的存在形态建构于普遍规则之上，消隐在形式主义之下。"

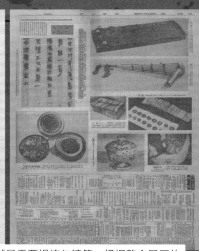

构筑空间　湖南省博物馆新馆一体化设计
MELODY OF CREATIVITY

　　越是复杂的、形态多样的内容，越是需要提炼与精简。根据整个展厅的气质、文化的表达符号，运用了一些比较简洁和抽象的设计方式，尽可能地凸显文物、突出文化本身。观众进入展厅空间后，在读取信息和欣赏文物时，平面设计是同步于他的视听观感的，观众的观看行为应该是在设计的引领之下自然产生的。当观众沉浸于展厅空间时，声音、图像、展示主体均同步到一个场域里，人们在逐步推进的观展动线上，不知不觉间完成了对信息的读取与文化的认知。

人民日报

长沙马王堆第三号墓出土

...es in n...

...iscover...

...n now found e... ...ife of a noblem... ...of the main... ...was a silk sarcop... ...ing, which the newspa... masterpiece the like of... never been seen before... Chinese silk paintings...

Inside the coffin, whic... red, white, black and... bears drawings of strang... animals, are the rem... woman aged about 50 a... to have lived about 19... Han dynasty lasted fro... to AD 220.

The body, which was... silk, was in almost per... tion and was painted... substance, presumably a... ing preparation The... surrounded by charcoal, appar... ently acting both as insulation and preservative, and found buried with it in lacquered bowls was food still recognizable as eggs, peaches, pears, melon and rice. Reuter.

...containing the... ...reserved body of... ...ore than 1,000... ...Times... ...aily published 10... ...e find, which it... ...ery rare and im-... ...y... ...the tomb, found... ...ui, a suburb of... ...of Hunan pro-... ...rman Mao Tse-... ...ncluded precious... ...urines, lacquer-... ...musical instru-... ...g suggested that... ...st comparable to... ...nmies discovered... ...Man Cheng, 100... ...eking, details of... ...ed recently (The... ...aily said that the...

...almost perfectly preserved body of a woman and more than 1,000 artifacts.

The People's Daily published 10 photographs of the find, which it described as "a very rare and important discovery.

The objects in the tomb, found at Ma Wang Tui, a suburb of Changsha, capital of Hunan province where Chairman Mao Tse-tung was born, included precious silk paintings, figurines, lacquerware, pottery and musical instruments.

Sources in Peking suggested that the find was almost comparable to

...never be... Chinese... Inside... red, whi... bears dra... animals,... woman a... to ha... Han... to A...

Th... silk,... tion a... substanc... ing prep... surround...

New York Times

63

在这种大体量空间的展示系统里，平面设计主要的目的，就是体现协调性以及它和空间设计结合之后的高度一体化。在长期且复杂的系统中，从概念方案到多方协调、深层挖掘，到最后的设计实施，都要保持这种一体化。

上有君臺

下有锋手

上有君臺

下有锋宇

埴埵如三人易壽不過三日肌

治病者雨有餘而盖不足

埴埵如三人易壽不過三日肌

治病者雨有餘而盖不足

埴埵如三人易壽不過三日肌

治病者雨有餘而盖不足

建筑结构
Building Structure

杨晓
湖南省博物馆新馆
建筑结构设计总监

赵勇
湖南省博物馆新馆
建筑结构主设计

构筑灵境 湖南省博物馆新馆一体化设计 *MELODY OF CREATIVITY*

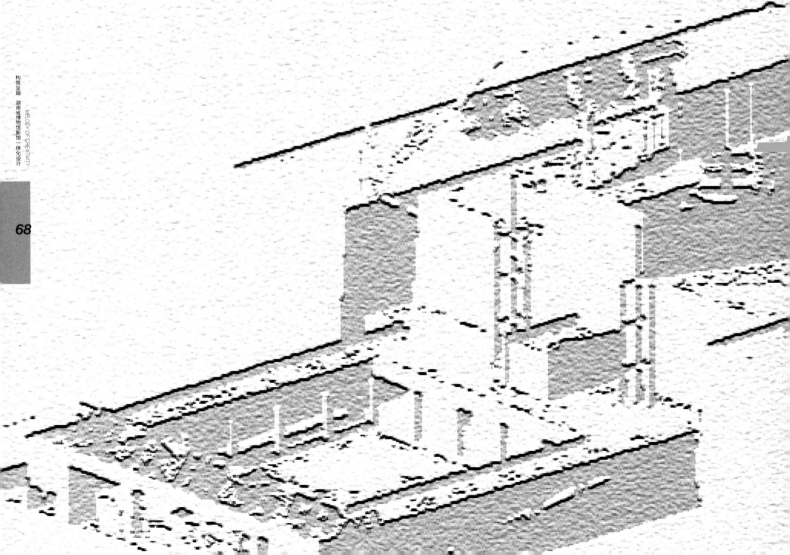

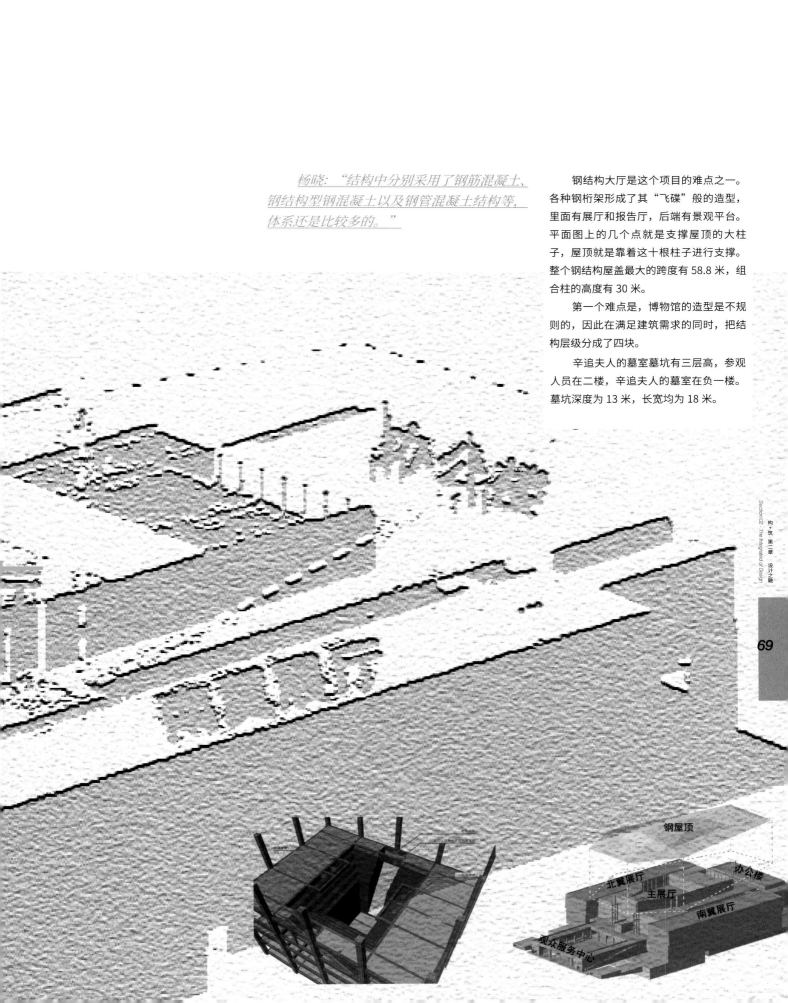

杨晓："结构中分别采用了钢筋混凝土、钢结构型钢混凝土以及钢管混凝土结构等，体系还是比较多的。"

钢结构大厅是这个项目的难点之一。各种钢桁架形成了其"飞碟"般的造型，里面有展厅和报告厅，后端有景观平台。平面图上的几个点就是支撑屋顶的大柱子，屋顶就是靠着这十根柱子进行支撑。整个钢结构屋盖最大的跨度有 58.8 米，组合柱的高度有 30 米。

第一个难点是，博物馆的造型是不规则的，因此在满足建筑需求的同时，把结构层级分成了四块。

辛追夫人的墓室墓坑有三层高，参观人员在二楼，辛追夫人的墓室在负一楼。墓坑深度为 13 米，长宽均为 18 米。

钢屋顶

北翼展厅

办公楼

主展厅

南翼展厅

观众服务中心

构筑模型图　湖南省博物馆新馆一体化设计

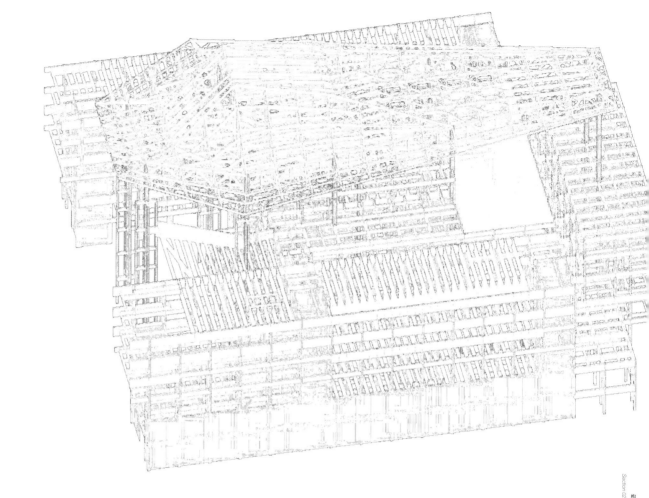

整个建筑结构建立了整体的分析模
型，例如上面的钢结构和下面的混凝土
模型。所有的构件都是受力构件，要抵
抗地震和楼板的重量。

杨晓："这几个大柱子其实是我们设计里面的重点和难点。这个柱子有 30 多米高，屋顶的跨度有 58.8 米，所以我们采用了各种手段对它进行分析。比如采用了很多力学方法，对各种性能都进行了分析。

我们还进行了一些专题研究，比如采用了专业的软件进行分析、对节点进行施工模拟，还进行了一系列的实验，在这个过程中做了大量的结构分析和计算的工作，其中包括墓坑的分析和斜墙的分析。我们还进行了一些风载实验和验证。我们做了一个按照比例尺缩小的模型，拿到风洞实验室去模拟，获取了一些它在风底下的数据，来辅助我们进行设计。在湖南大学，我们对 30 多米高的柱子进行了实验。"

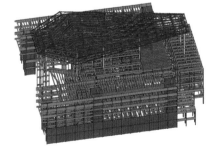

结构设计的目的是实现建筑的创意。从矶崎新先生的草图可以看出，整个博物馆最重要的一个理念就是这个漂浮的顶盖。顶盖需要的是一种悬浮感，然而有太多柱子支撑的话悬浮感就会减弱。将升到屋顶的柱子尽量地进行了减少，从而让屋顶有一种漂浮的感觉。结构是为了力求体现建筑上的创意需求，包括进行的科学分析等，都是为了得到最佳的建筑效果。

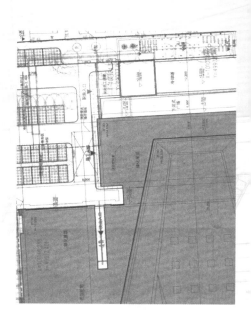

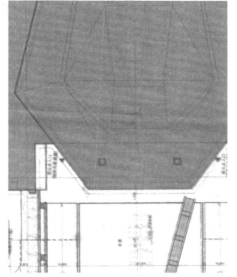

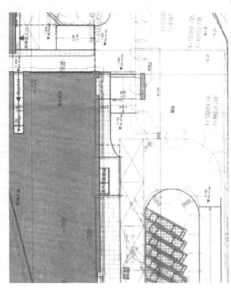

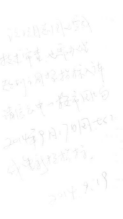

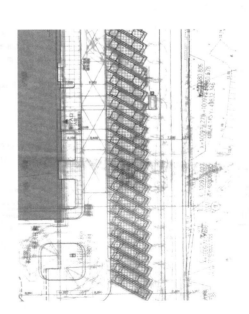

公共艺术
Public Art

博物馆入口区域的公共艺术，为整个建筑谋篇布局的重中之重。湖湘文化有着其特有的形象符号，这些符号所携带的楚文化的精神气质，通过新的设计及解读，潜移默化地呈现、渗透给无数的观者。

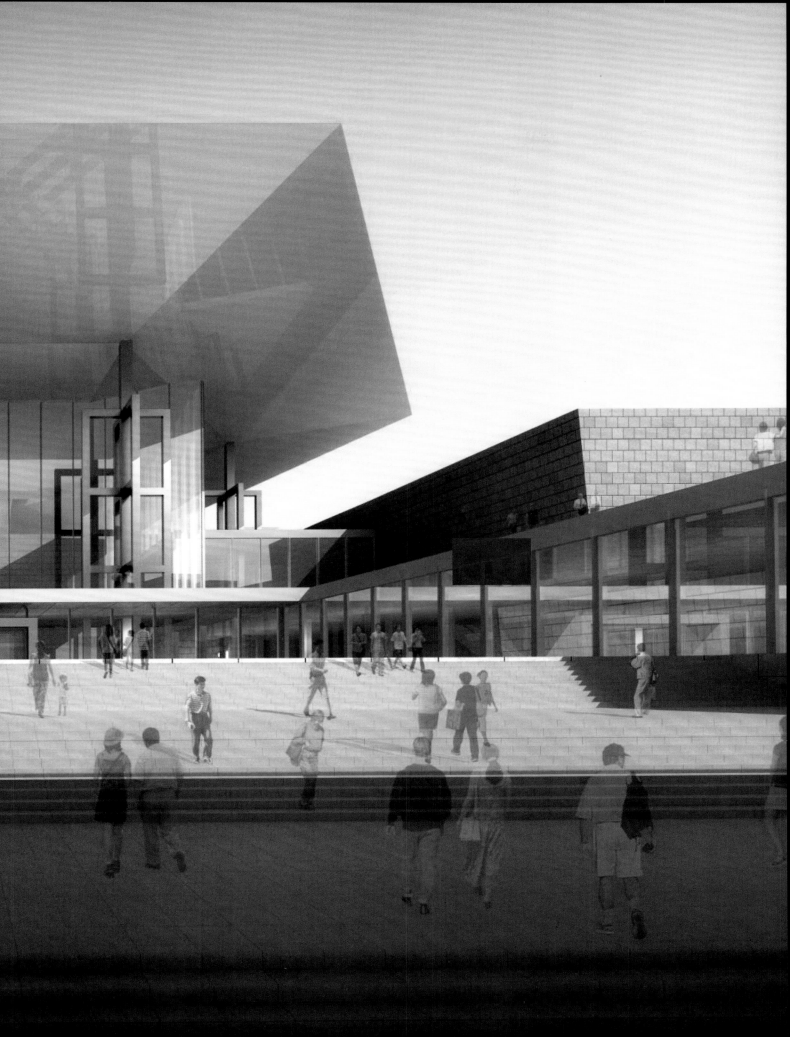

"观景平台"与水雾装置
"Viewing Platform" and Water Mist Device

    站在观景平台上观赏穿梭的人群与安静的建筑，能感受到动与静的对比，从而映衬出建筑的雄伟，如在观看博物馆的馆藏文物般。"观景平台"是欣赏建筑本体最佳的位置。

    "观景平台"中的水雾装置由中谷芙二子先生（世界级烟雾艺术装置大师）创作。这个艺术作品已永久落户于湖南省博物馆，水面升起的水雾让"大屋顶"变得"轻盈"，体现了整体建筑中最"柔"的一面。

景观
Landscape

新馆的景观设计采用了树阵成行成组的方式，让总平面以及建筑入口的视线和建筑标准立面更加清晰，同时又能被周边公园的自然系统所接受。将会创造开阔的空间，并能很清晰地区分临街立面，同时又不会看起来是以森林的延伸为前提的博物馆。在不同的标高面上使用树阵和其他灌木，能够使树木看起来更加成群成组，让建筑更加清晰显眼，更加突出了现代风格。

在景观设计中结合建筑的性格。混合、和谐、统一，让中心（建筑）更加强烈的同时，建筑性格也清晰明了。通过平衡引力和特质，创造一个与建筑主入口中心轴线平衡的景观设计。

照明
Lighting

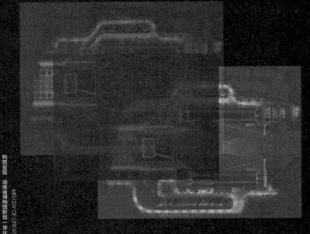

构筑呈现 湖南省博物馆新馆一体化设计

MELODY OF CREATIVITY

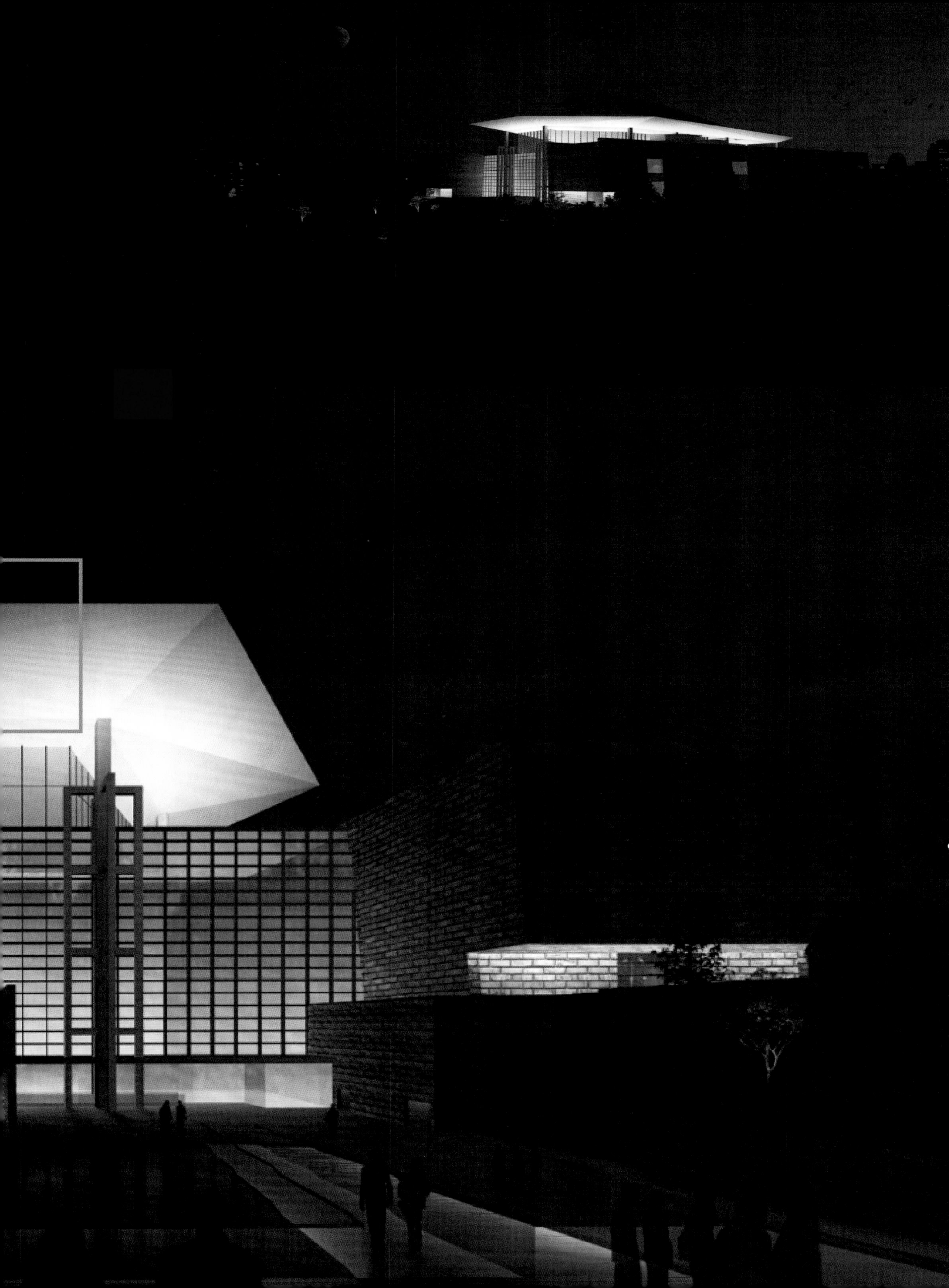

产品设计
Product Design

郝凝辉
湖南省博物馆新馆
文创产品概念主设计

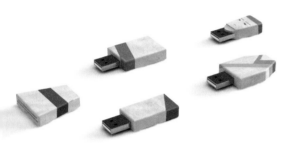

构筑呈现　湖南省博物馆新馆一体化设计

MELODY OF CREATIVITY

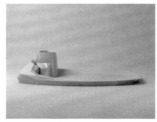

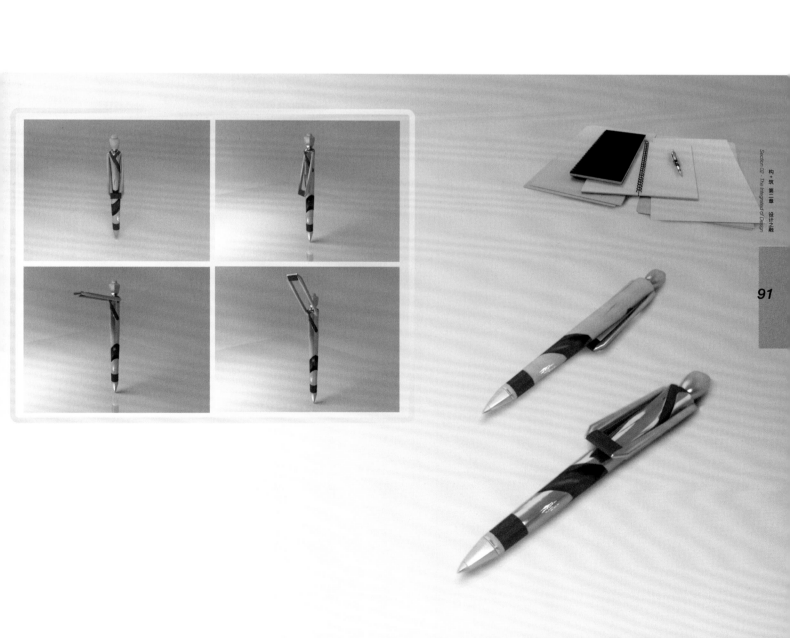

此纸巾盒引用西晋时书俑的形态，在原文物基础上进行简化，抽象。木制与不锈钢结合产生强烈对比，适用于家庭、办公室、餐厅等场景。

古琴 USB 分线器

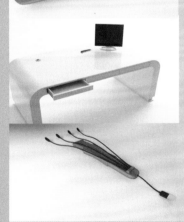

人偶形状的挂钩，塑料材质，背部带有海绵
及，使用者可以将闲置的电源插头挂在上面，因
其体积小，可同时放置，避免电源线摆放杂乱。

水佩风裳盘

02

呈现 PRESENT

第二篇章
Chapter Two

第三章
设计之呈

博物呈现
空间设计解读

The Presentation of Design

The Section Three

03

马王堆汉墓
展陈一体化设计
Exhibition Integrated Design

何为："从宏观上看，设计主要是以后人为前人修饰寝宫的概念出发——我们怀有对祖先的尊敬、对人文情怀的感染，辛追夫人作为既综合现代展览的要素、又综合中国人对于传统伦理道德的理解，而非供游客欣赏的展示角度，来进行整体空间的设计。"

马王堆汉墓是世界文化遗产巨大宝库中珍贵的组成部分，在保留其历史厚重感与艺术美感的前提下，尊重文物自身传递的核心信息，透现文物背后散发的浓厚历史文化气息，体现马王堆汉墓主人辛追夫人生前死后的生活痕迹和背景意义，设计团队通过墓坑复原、场景展示、多媒体营造、常规经典陈列、浮雕艺术墙面等设计将其历史纵深感和湖湘文化的艺术魅力以现代艺术的呈现形式展示出来。特别是陈列厅入口浮雕墙的设计生动地说明了这一点。

从出土文物中的服饰、器皿、棺椁等提炼出纹样与图式，以艺术家独有的风格将所有元素进行重新打散和重组、完整与残损的结合、粗糙与细节的调配、大小疏密的关系变化、肌理与材料的合理运用等等，各种要素整合而形成了这件当代艺术创作。

浮雕墙的主要材料选用黄锈石效果的敲铜工艺，仿江南岩土的斑驳质感，厚度高差超过 30 厘米，极具视觉冲击，给观者以强烈的震撼。

墓坑核心展——辛追遗容展示区

与建筑一体化的空间展陈设计

　　根据人流动线的科学分析和参观的人数，空间流线布局在最开始就与建筑方设计完毕。整体的流线设计参考了陈列设计团队操刀设计的 2010 上海世博会中国馆，让观众从一楼乘坐扶手电梯直接上到三楼，然后从三楼乘坐扶手电梯逐步而下，从上往下环绕式参观，不走回头路。此举也考虑到大部分观众为旅行团，大多只参观马王堆展览。基于把辛追夫人安放在原有的位置的先决考量，采取在安放棺椁的原有位置上还原出墓坑的形态，来复原辛追夫人生前在寝宫的状态。将棺椁的位置偏移到旁边相对独立的空间有两层关系的考虑，一是从伦理上，游客可以自行选择是否观看遗体。二是从功能上，遗体的保存需要一个无菌、恒温、恒湿的独立环境——"K1空调空间"。因此将辛追夫人偏移到了旁边，由此就完成了整体空间的设计。

101

构筑重现　湖南省博物馆新馆一体化设计

MELODY OF CREATIVITY

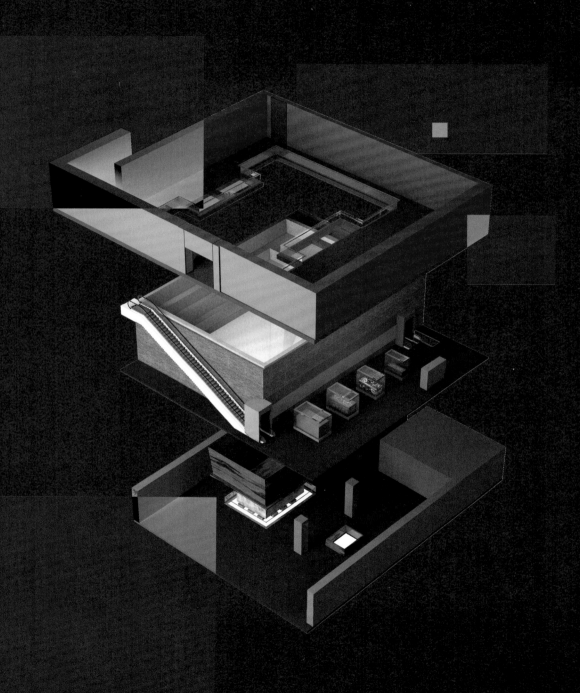

展示人流动线

湖南省博物馆马王堆汉墓陈列整体设计分为三个层次部分，依次跨越了整个博物馆展示的三层物理空间。第一个部分是马王堆序幕章节，第二个部分空间与湖南人主题陈列并置和连接，第三个部分融入公共空间的体系之中。设计按照"强、弱强、中"的空间节奏，让观众感受到逐步放松的情节。

整体设计的视角从马王堆展项出发。由于湖南省博物馆新馆改扩建工程的核心理念脱胎于原湖南省博物馆，在与矶崎新事务所沟通后，设计方案将辛追夫人墓坑所在的位置放置在了原湖南省博物馆既有的位置。包括遗体头的朝向，都与十几年前湖南省博物馆的相同。改扩建工程整体的空间理念是：保留老馆不变，左、右各增加一个翼形展厅，后方增加一个办公空间，顶部加盖一个大屋顶。在此基础上，马王堆展厅是重中之重。

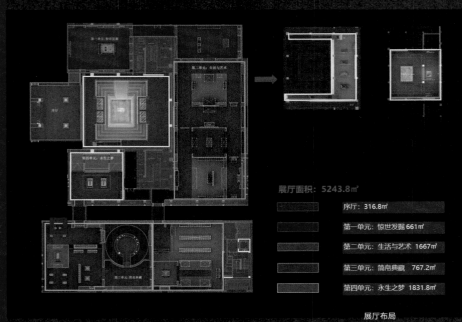

展厅面积：5243.8㎡

	序厅：316.8㎡
	第一单元：惊世发掘 661㎡
	第二单元：生活与艺术 1667㎡
	第三单元：简帛典藏 767.2㎡
	第四单元：永生之梦 1831.8㎡

展厅布局

103

平面及内容分布

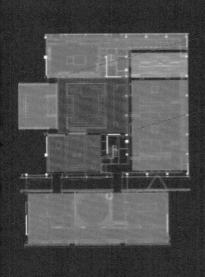

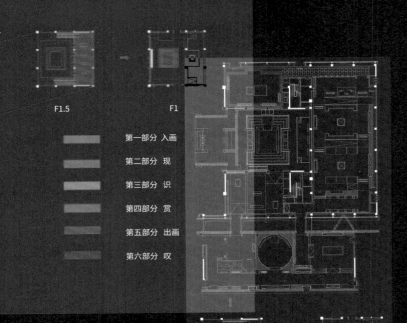

F1.5   F1

第一部分 入画
第二部分 现
第三部分 识
第四部分 赏
第五部分 出画
第六部分 叹

平面内容分布与展示内容结构

展陈空间的设计有几个宏观要素。

第一个是去装饰化。整个空间中没有任何装饰性、造型上的修饰。

第二个是严肃化。整体展陈是一个娓娓道来的故事，而非一个令人激动、很激烈的环境。所选用的多媒体、节奏、音乐等都是专门创作的，因此不会营造一种很吵闹的情景。

第三个是色彩的选择。从入口到结尾，大概选用了代表汉代的七种红色。这七种不同的红色都是从漆器、帛画以及复原的漆制品上逐一选择的色彩，整体排布进行渐变的处理，使整体红色的空间有层次感。不仔细看看不出来，仔细看会有这样的过渡。在团队的理解上，这些都是当时西汉文明的代表——红色，所以用色差将它们进行渐变，以涵盖到所有的红色。

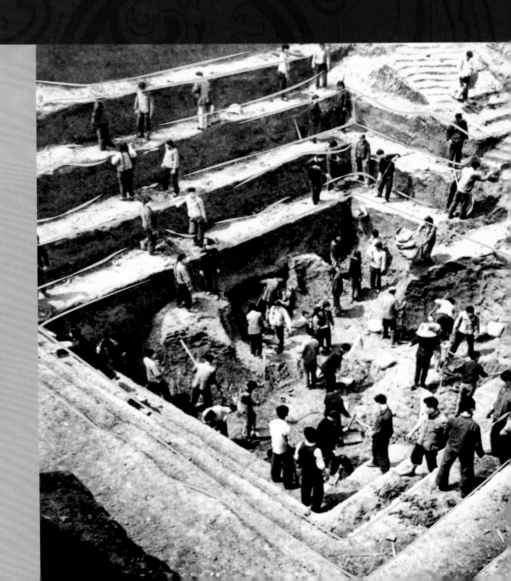

最开始的一个想法有入画和出画的概念。从一开始为什么亮出梯形帛画，和时空，我称作入画。

就是观众从一开始进入这道画面，了解当时的一种还原。

第一部分 入画

序厅

　　马王堆汉墓是汉初社会生活的历史见证、思想观念的缩影。丰富的陪葬用品，从不同角度向人们展示了2100年前西汉初期的社会情况，既是西汉初期灿烂的物质文明的见证，也反映了西汉时期人们对生活品质的追求、对生死观念的思考。通过这个展览，人们不但可感悟到汉代文明的神奇与瑰丽，而且会不断丰富对中华历史、楚汉文明与湖湘文化的认识，更加深对祖国悠久历史和灿烂文化的热爱。

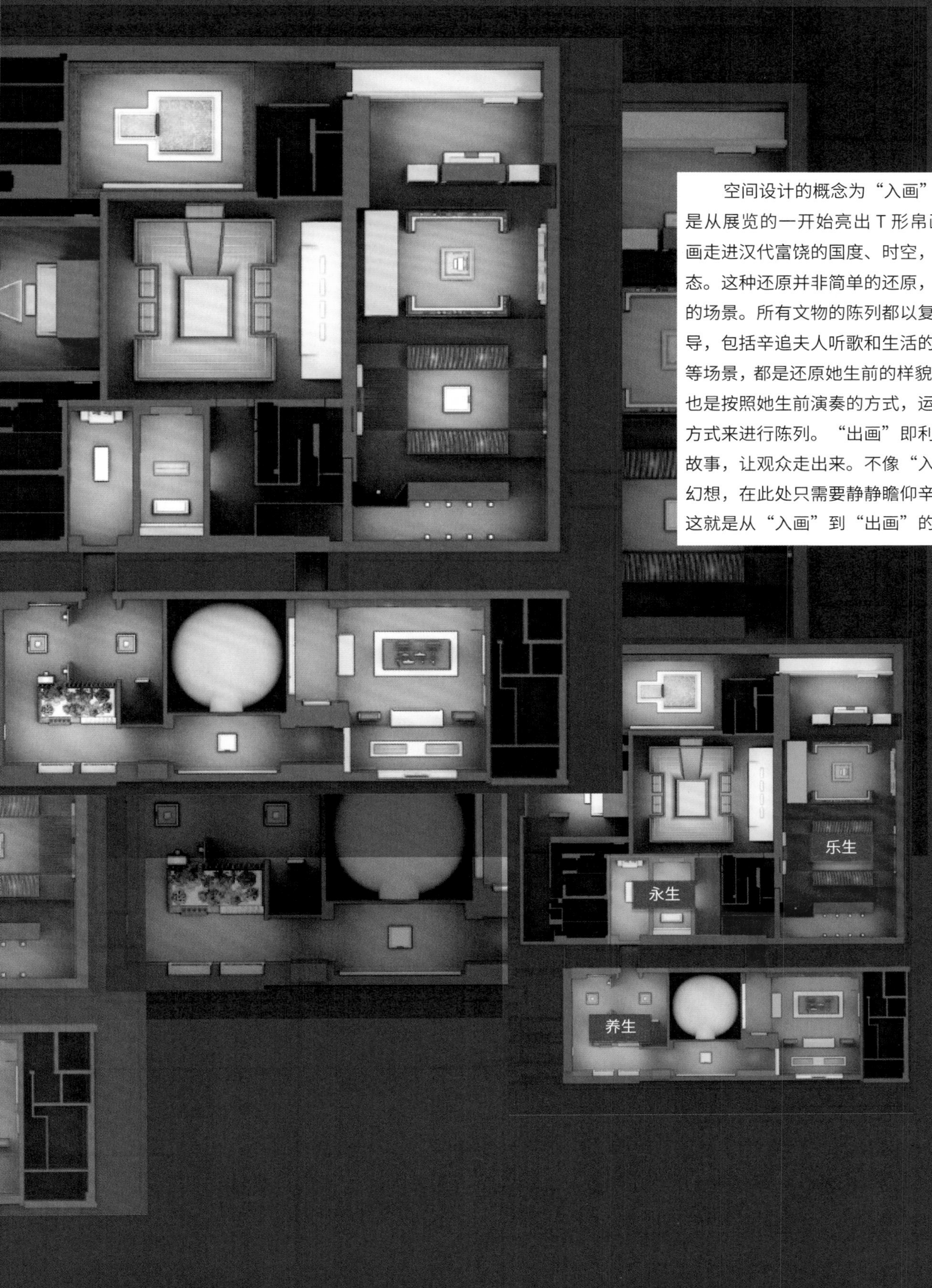

空间设计的概念为"入画"和"出画"。"入画"是从展览的一开始亮出 T 形帛画，让观众通过 T 形帛画走进汉代富饶的国度、时空，了解当时人们的生活状态。这种还原并非简单的还原，而是用文物来复原当时的场景。所有文物的陈列都以复原当时的生活场景为先导，包括辛追夫人听歌和生活的区域，以及奴仆列成群等场景，都是还原她生前的样貌，甚至是乐器、木制品，也是按照她生前演奏的方式，运用小妖小兽还原演奏的方式来进行陈列。"出画"即利用墓坑的投影讲述一个故事，让观众走出来。不像"入画"一样去营造气氛和幻想，在此处只需要静静瞻仰辛追夫人的棺椁和遗体。这就是从"入画"到"出画"的概念。

永生

乐生

养生

107

"入画"分区简介

+

设计理念主要从两个角度出发。第一个角度是尊重先者，从人类学的角度希望还原对死者的尊重。秉持的理念是再次还原辛追夫人的寝宫和生活状态，而不是把她作为展品展示出来。因此，使用复原的手法还原墓坑，保留辛追夫人原本的姿势。辛追夫人头的朝向与当初在马王堆出土时的朝向是一致的，也与湖南省博物馆早期展览中的方向一致。基于这种认知，延续成一条线索，形成中心墓坑的还原空间。第二个角度是还原辛追夫人的生活状态。辛追夫人墓为一号墓，湖南省博物馆内马王堆主题陈列几乎所有的展品都来自于一号墓。二号墓和三号墓的文物被盗得所剩无几，只有一号墓是完整无缺的。设计的

理解是将棺椁分成两个部分，棺是用来装遗体的，椁是用来装棺的。东、南、西、北方向有四个箱体，这四个箱体内的物件分别还原了辛追夫人生前的生活状态，其中包括了一些陪葬的财物、对生活与艺术的一些追求，以及对永生之梦的设想。因此墓坑展陈空间的形状设计为漏斗状，所有来自于椁的文物和部件环绕其间。将所有展品陈列在博物馆最上层三楼的空间，观众在三楼看完所有的展品之后回到墓坑。墓坑的上方设计了一个与观众互动的多媒体演绎装置，装置的主题是关于灵魂的诠释，呈现了穿越四层棺椁空间，回到墓葬之下的概念。

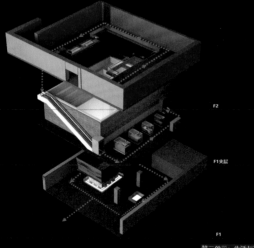

二、结构框架与展厅布局

第一单元 惊世发掘
一. 1号墓
二. 2号墓
三. 3号墓
四. 墓主

第二单元 生活与艺术
一. "千金"之家
二. 君辛食
三. 衣被锦绣

第三单元 简帛典藏
一. 天文地理
二. 医学养生
三. 历史哲学
四. 阴阳五行

第四单元 永生之梦
一. "非衣"帛画
二. 井椁
三. 套棺
四. 肉身不朽

F2

F1夹层

F1

第二单元: 生活与艺术 1667㎡

第一单元: 惊世发掘 661㎡　　序厅: 316.8㎡　　第四单元: 永生之梦 1831.8㎡　　第三单元: 简帛典藏767.2㎡

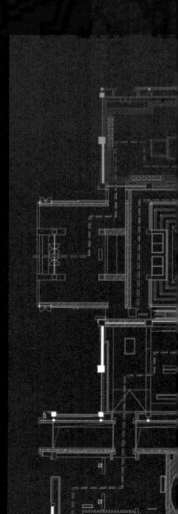

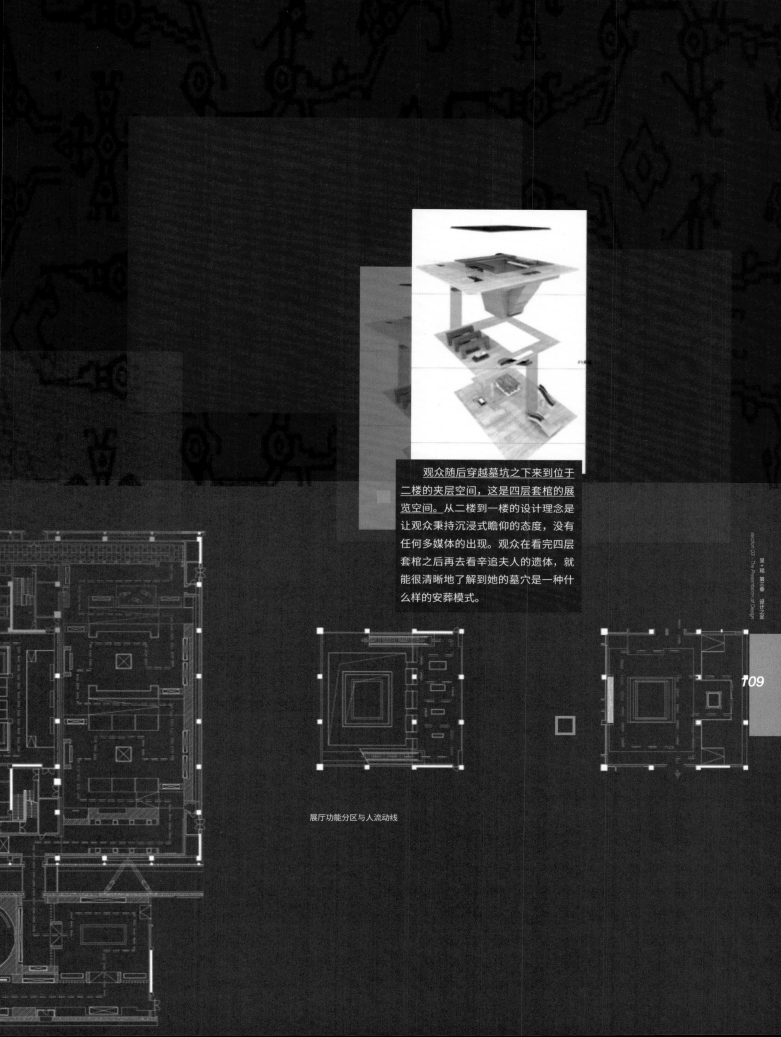

观众随后穿越墓坑之下来到位于二楼的夹层空间，这是四层套棺的展览空间。从二楼到一楼的设计理念是让观众秉持沉浸式瞻仰的态度，没有任何多媒体的出现。观众在看完四层套棺之后再去看辛追夫人的遗体，就能很清晰地了解到她的墓穴是一种什么样的安葬模式。

展厅功能分区与人流动线

　　第三层的空间是设计的主要空间。

　　从序厅开始是"走进轪侯家"，从这里"进入长沙古国"。序厅的对面开了一面窗，视线可以从博物馆外的马路对面进入内部。序厅设计了一个类似墓志铭的"长沙马王堆"的字样，选用的字体为汉代的小篆，以墓碑的方式进行篆刻。两侧的墙面选用了城墙倾斜的角度来进行空间的诠释。进入序厅后是整体的背景壁画，选用的是T形帛画中"天"的内容，呼应古代人的世界观中"死等于生，向死而生""永生"的概念，壁画既还原了古代人的精神场景，也对古代人世界观的概念进行点题。

　　观众通过序厅之后进入到第一单元"惊世发掘"。"惊世发掘"主要讲述了三座墓葬在马王堆被发现的情况。展厅内设计了一幅铝板打印的壁画，呈现了二十世纪七十年代马王堆的剪影。马王堆原名为马鞍堆，源于其类似马鞍的形状。考古学家从这个马鞍中间发现了一座墓葬，之后陆续发现了第二、第三座墓葬，发现此为大侯府一家人的墓葬群。湖南省博物馆以前的设计只强调了辛追夫人，所以很多人以为马王堆只埋葬了辛追夫人一个人。新的设计想要突破以前的这种感觉，所以在"惊世发掘"单元中分别展示出了三个墓葬，告诉观众他们先后埋葬的顺序。最早埋葬的是

辛追夫人的先生，也是大侯——利苍亲使。他的墓葬很小，像钥匙孔的形态。然后埋葬的是辛追夫人的儿子利豨，是个将军，他的墓葬已经接近黄肠题凑的形式。最后是辛追夫人的墓葬，几乎接近黄肠题凑——因为是侯而非王，所以并不能享受王级别的安葬。从墓葬的发掘中可以看到他们逐渐把长沙古国治理得更好、更富裕的过程。此部分设置了一个小小的通道，通道中间呈现了二十世纪七十年代全世界对于这具两千年不朽的女尸的报道，表现这个惊世骇俗的发掘震惊了全世界。

构筑呈现　湖南省博物馆新馆一体化设计

MELODY OF CREATIVITY

1号墓
1 tomb

列鼎陈盘
Column tray

湖南美食 Hale laquer Lian food

"惊世发掘"单元展厅

马王堆汉墓外景
Mawangdui tomb location

马王堆发掘视频
Mawangdui to explore the vide

117

　　接下来进入到第二单元"生活与艺术"。该区域中用文物复原了一个辛追夫人生前最爱的场景——闻着香炉、香薰观看歌舞表演。此场景用辛追夫人的榻几、竹席等物品做了主人位的空间布置，场景对面以歌舞俑结合灯光展演的方式，布置了一个小的文物展演，展演文物均为辛追夫人的文物。灯光亮起的顺序按照音乐演奏的顺序进行，从开始引入音乐的两位奏竽者，到三位奏琴者、第二排的舞者、最前一排的歌者，再到主唱。主唱升起的场景做了一个小小的复原，面部刻画比较明显。左右两边分别是辛追夫人的香炉、香薰，表现汉代人对生活、歌舞、艺术的讲究。再到外侧的左右两边，一边是她的"千金之家"，即陪葬品。采用的是木质、泥制的仿犀牛角、仿象牙、仿金鼎。西汉时期已不盛行用真人来陪葬，就采用木偶来陪葬。辛追夫人家仆的墓俑放在了另外一边，能看出她奴仆成群，这样就还原了她生前物质丰富的场景。

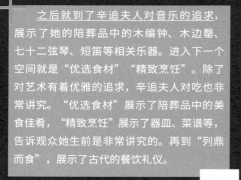

之后就到了辛追夫人对音乐的追求，展示了她的陪葬品中的木编钟、木边磬、七十二弦琴、短笛等相关乐器。进入下一个空间就是"优选食材""精致烹饪"。除了对艺术有着优雅的追求，辛追夫人对吃也非常讲究。"优选食材"展示了陪葬品中的美食佳肴，"精致烹饪"展示了器皿、菜谱等，告诉观众她生前是非常讲究的。再到"列鼎而食"，展示了古代的餐饮礼仪。

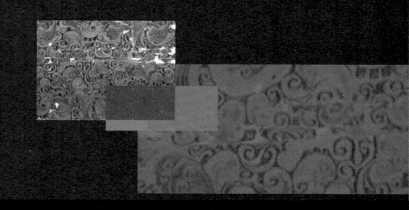

构筑呈现　湖南省博物馆新馆一体化设计

MELODY OF CREATIVITY

下一个空间展示的是辛追夫人的"四季华服"，包括她梳妆打扮的梳妆盒、碎布料以及成衣部分的呈现。之后的空间是"藏有万卷"，这是"生活与艺术"单元的最后一个展区。此展厅重点展示的是文化、艺术以及阴阳五行的记载，即当时五行中对天文现象最早的一些文献记载。也有对于医药、病方、生活哲学的一些记载，如五十二病方、气功导引图等一部分简帛的收藏。

以上就是"生活与艺术"单元中呈现的墓主人从物质到精神各个方面的追求。

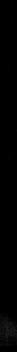

MELODY OF ORDINARY

126

"四季华服"展区

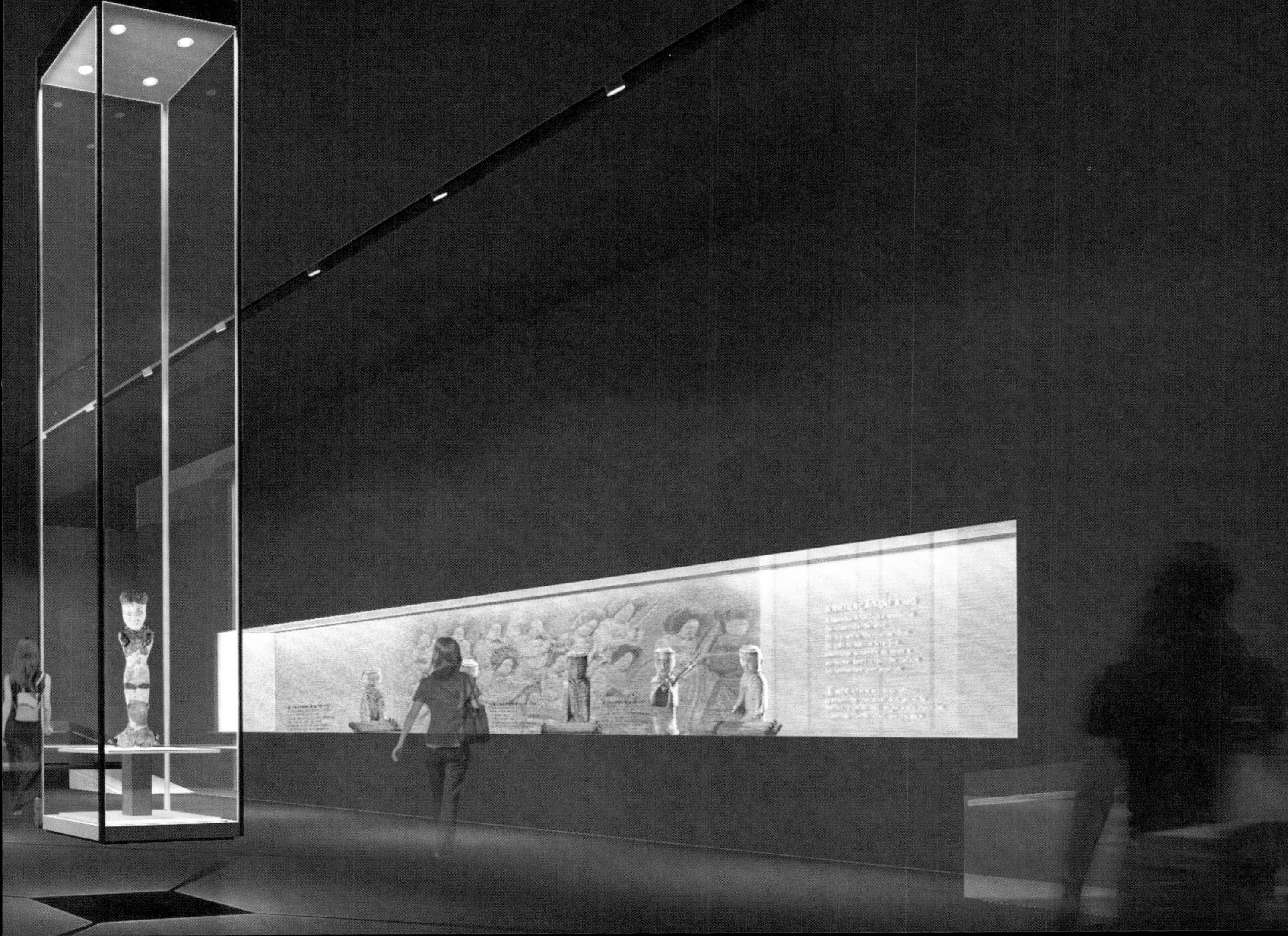

129

"简帛典藏" 展区

"仆从成群"展区

震。地震怎么去制服呢？就让一个巨人踩在两个金鲵
上面，举着一块平地。这个平地就是我们的地板。地
震是由这个巨人来控制的，不受控的是下面两条交织
的金鲵，这就是古代人对地震的想象。"

132

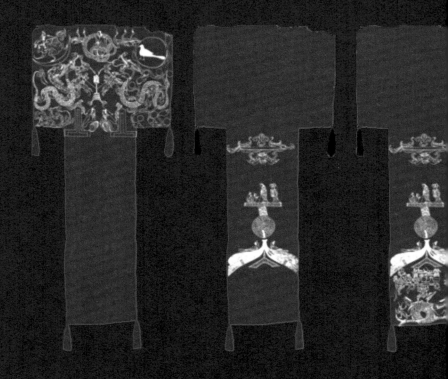

　　"永生之梦"单元中有两个重点展项，第一个是 T 形帛画的视频动画。"人间"部分分为上层和下层。下层部分还原了一个祭祀的场景，上层部分是天国的使者坐在一个升天踏板中来接辛追夫人，像乘坐电梯一样升向天国。天国场景中间人身蛇形的形象不是女娲，而是烛龙，祂是天国的主宰，是中国古代至神中最高的层次。另有金乌金蝉守护着天国的场景。

　　这张 T 形帛画中能表达的内容有很多，仅靠一张线描是说不清楚的。所以将其以一张平面动画的形式呈现，相当于把每一件样品拆析出来，让观众了解天上地下的本质和古代人对天上地下人间的想象。

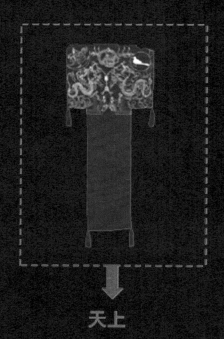

天上

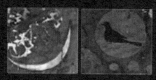

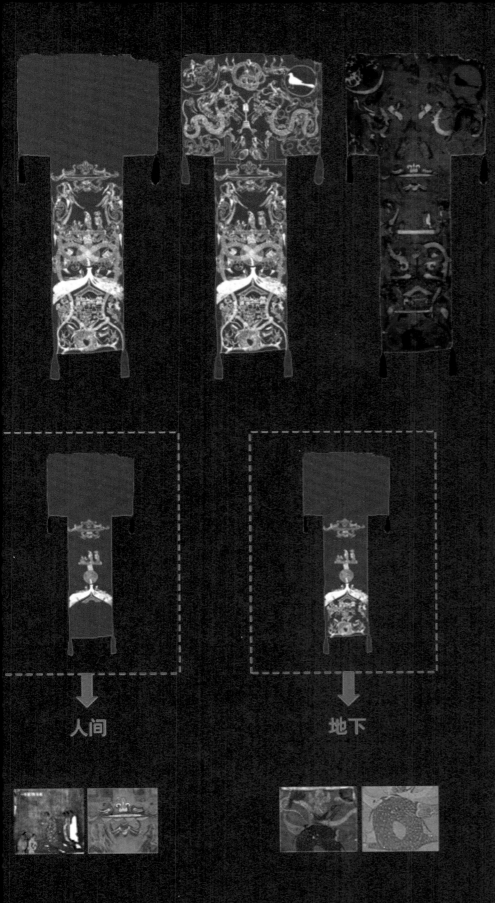

人间　　　　　　　地下

T 形帛画内容演示动画

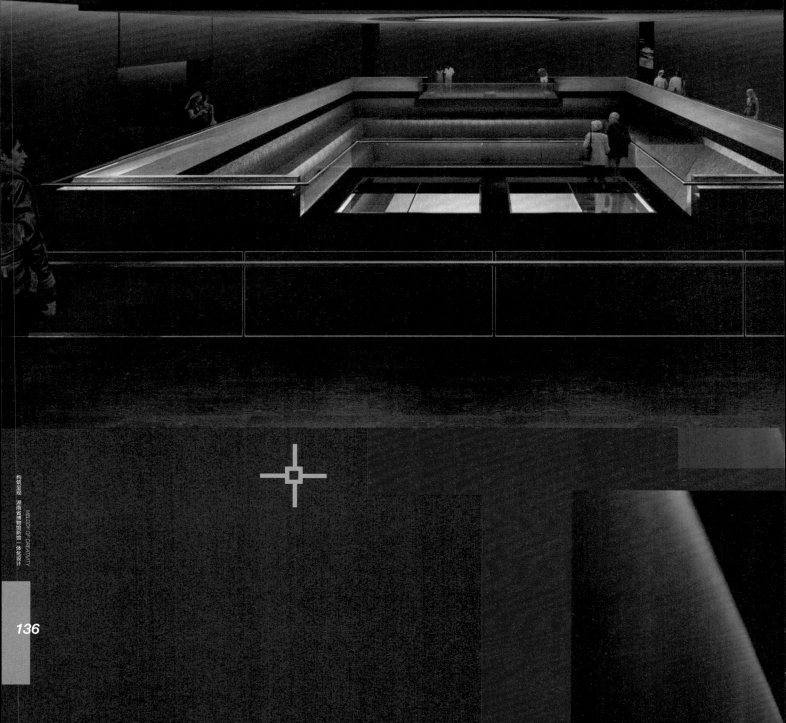

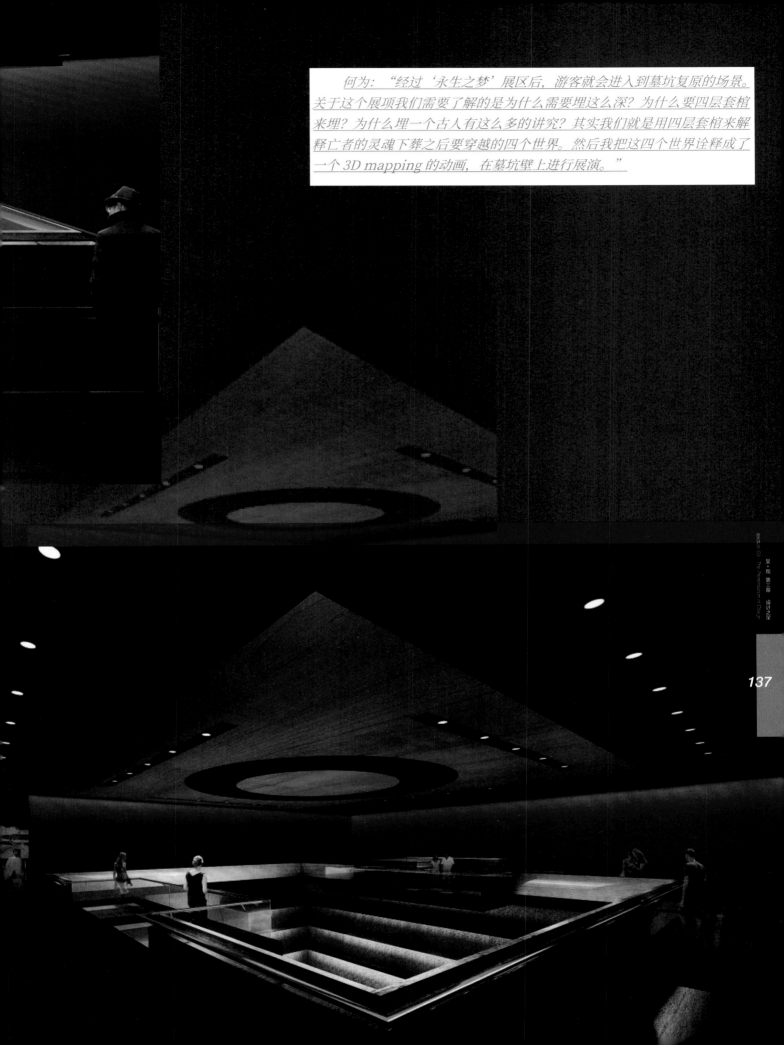

何为："经过'永生之梦'展区后，游客就会进入到墓坑复原的场景。关于这个展项我们需要了解的是为什么需要埋这么深？为什么要四层套棺来埋？为什么埋一个古人有这么多的讲究？其实我们就是用四层套棺来解释亡者的灵魂下葬之后要穿越的四个世界。然后我把这四个世界诠释成了一个 3D mapping 的动画，在墓坑壁上进行展演。"

墓坑核心展区大型多媒体演示

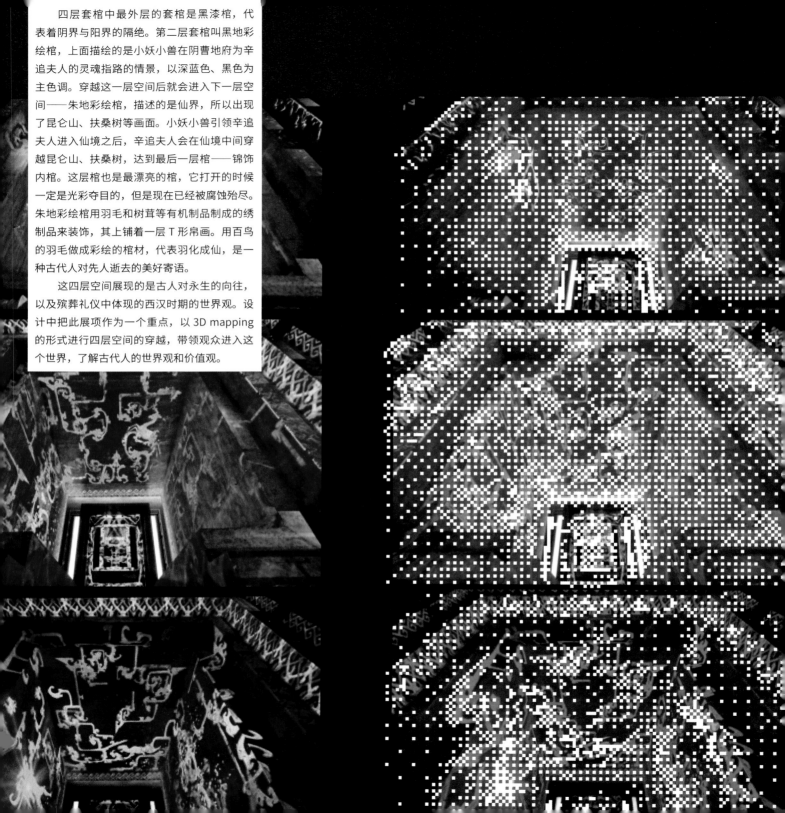

四层套棺中最外层的套棺是黑漆棺，代表着阴界与阳界的隔绝。第二层套棺叫黑地彩绘棺，上面描绘的是小妖小兽在阴曹地府为辛追夫人的灵魂指路的情景，以深蓝色、黑色为主色调。穿越这一层空间后就会进入下一层空间——朱地彩绘棺，描述的是仙界，所以出现了昆仑山、扶桑树等画面。小妖小兽引领辛追夫人进入仙境之后，辛追夫人会在仙境中间穿越昆仑山、扶桑树，达到最后一层棺——锦饰内棺。这层棺也是最漂亮的棺，它打开的时候一定是光彩夺目的，但是现在已经被腐蚀殆尽。朱地彩绘棺用羽毛和树茸等有机制品制成的绣制品来装饰，其上铺着一层 T 形帛画。用百鸟的羽毛做成彩绘的棺材，代表羽化成仙，是一种古代人对先人逝去的美好寄语。

这四层空间展现的是古人对永生的向往，以及殡葬礼仪中体现的西汉时期的世界观。设计中把此展项作为一个重点，以 3D mapping 的形式进行四层空间的穿越，带领观众进入这个世界，了解古代人的世界观和价值观。

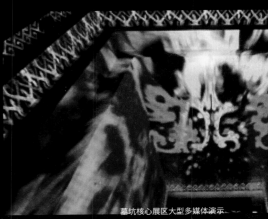

墓坑核心展区大型多媒体演示

四层棺椁效果图

位置关系图

3150

3850

1950
2200

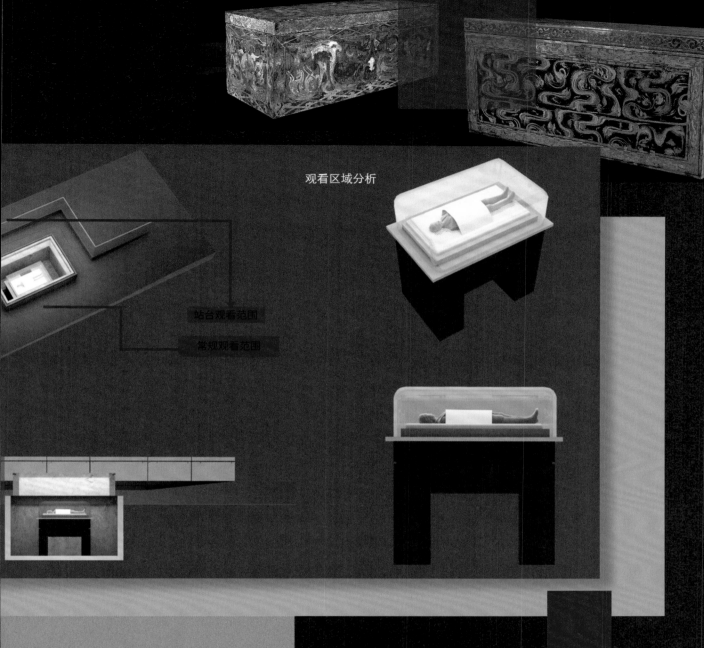

观看区域分析

站台观看范围

常规观看范围

145

四层套棺效果图及图解

墓坑多媒体演绎装置解析

146

墓坑升降环幕

墓坑影响区

墓坑壁

第二部分　现
梦回长沙国

第三部分　识
利苍一家

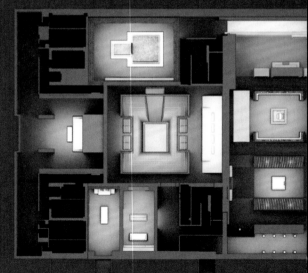

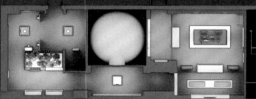

第五部分 出画
墓坑演示

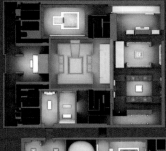

第四部分 赏
第一单元 乐生
第二单元 养生
第三部分 永生

乐生

永生

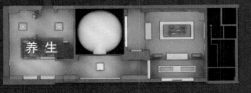

养生

151

"湖南人"三湘历史文化陈列（以下简称"湖南人"）作为新馆基本陈列之一，是湖南省博全新策划的通史陈列。以"古今'湖南人'为脉络，解读他们在这块神奇土地上为获取生活资源，而发生的人与自然、人与人之间的互动演绎。……在此基础上，提炼在湖湘大地上几千年来不断凝结、传承的精神内核，揭秘湖南近现代人才井喷现象"。展陈设计团队从 2012 年开始对"湖南人"展陈效果的呈现做了多种可能性的创作与思考，从概念到最终深化历时5 年。整个创作过程跟随内容策划、建筑设计同步进行。

156

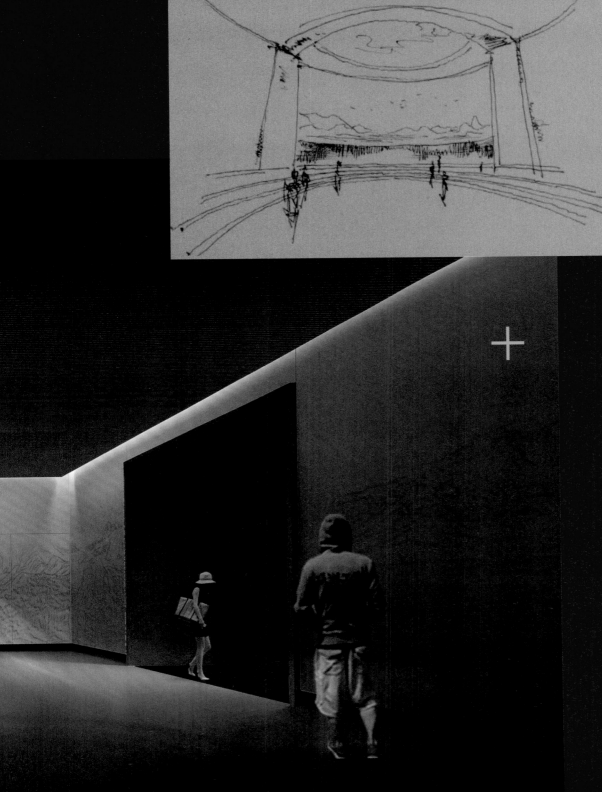

展览入口空间

"家园"部分空间效果图

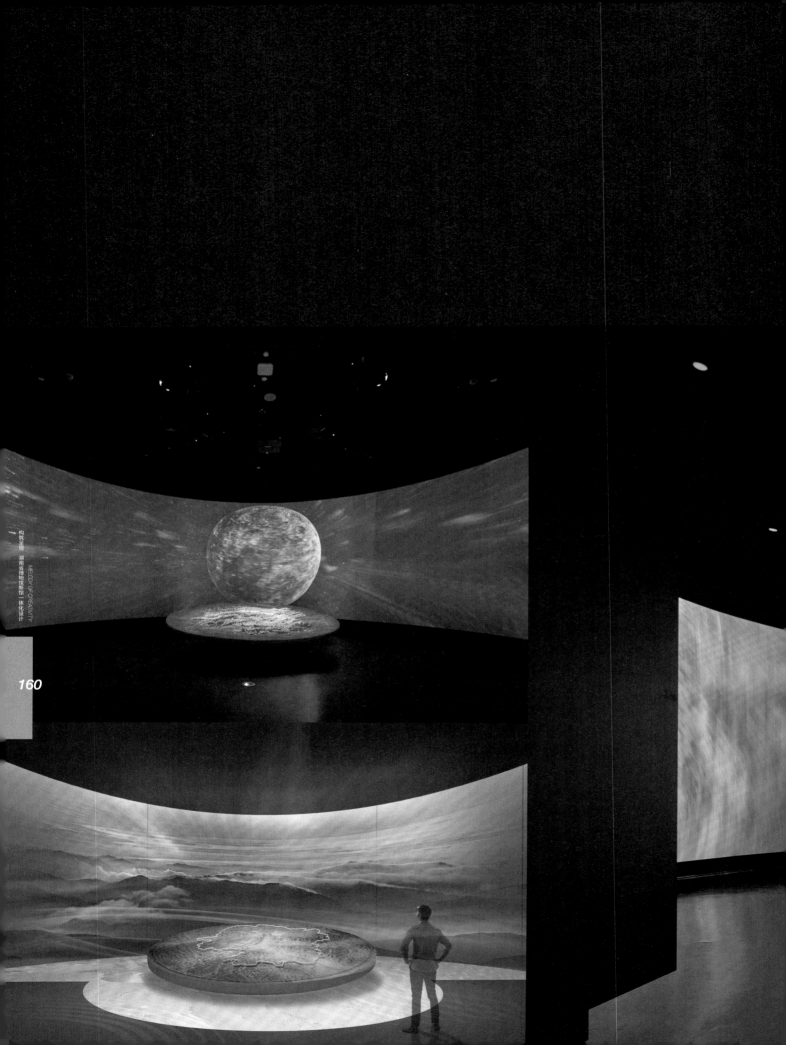

构筑空境　湖南省博物馆新館｜一体化设计

MELODY OF CREATIVITY

"家园"部分空间效果图

"家园" 的空间演绎

　　"家园"作为陈列的开篇，以自然生态变迁与历史沿革为主要内容，呈现湖南人繁衍生息的自然环境与时间脉络。从形式设计的角度看，这里是全篇的总起，是极具表现力的空间演绎区域，以一种沉浸式的视听模式向观众展现一幅穿越46亿年时间轴向，展示跨越21.18万平方公里空间轴向的宏大画卷。

陈一鸣（湖南省博物馆新馆展陈设计总监）："湖南人"分五个板块展开，分别叙述了"家园"——湖南人生存繁衍的自然生态环境；"我从哪里来"——民族及人群形成过程；"洞庭鱼米乡"——湖南人如何驯化自然从而获取生存资源；"生活的足迹"——生活方式的传承；"湘魂"——湖南人才井喷现象以及湖南人精神。

2012　　　　2014　　　　2016

165

2012　　　　2014　　　　2016

2012

2014

图3："家园"部分空间方案演变过程

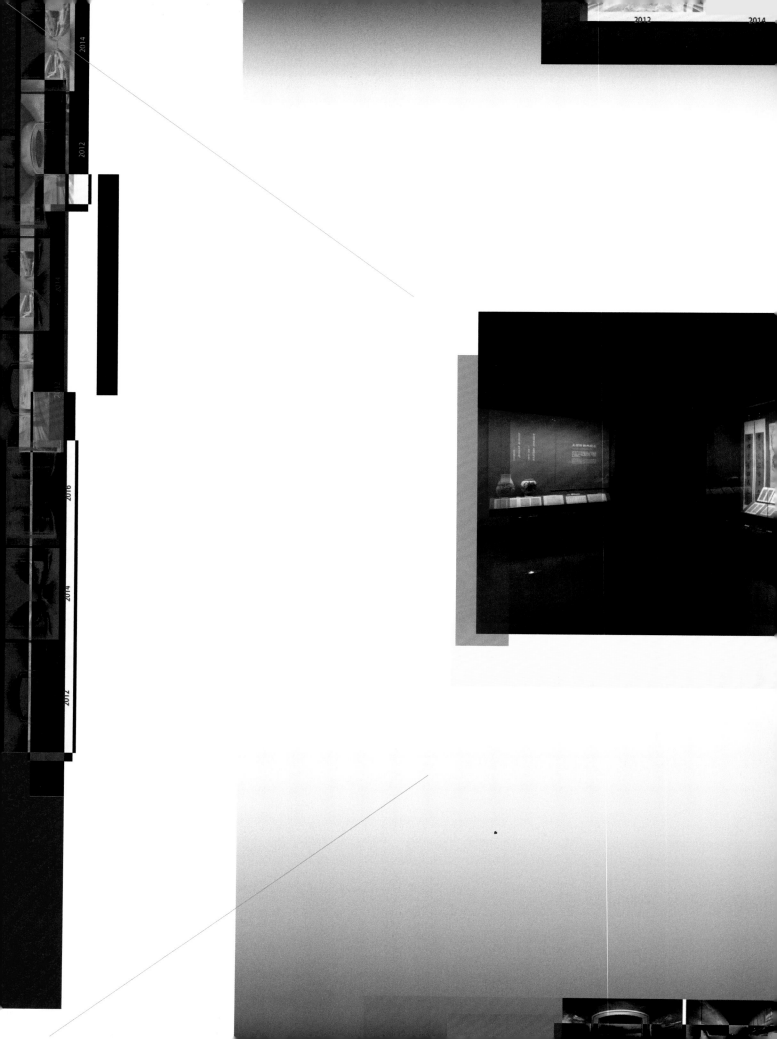

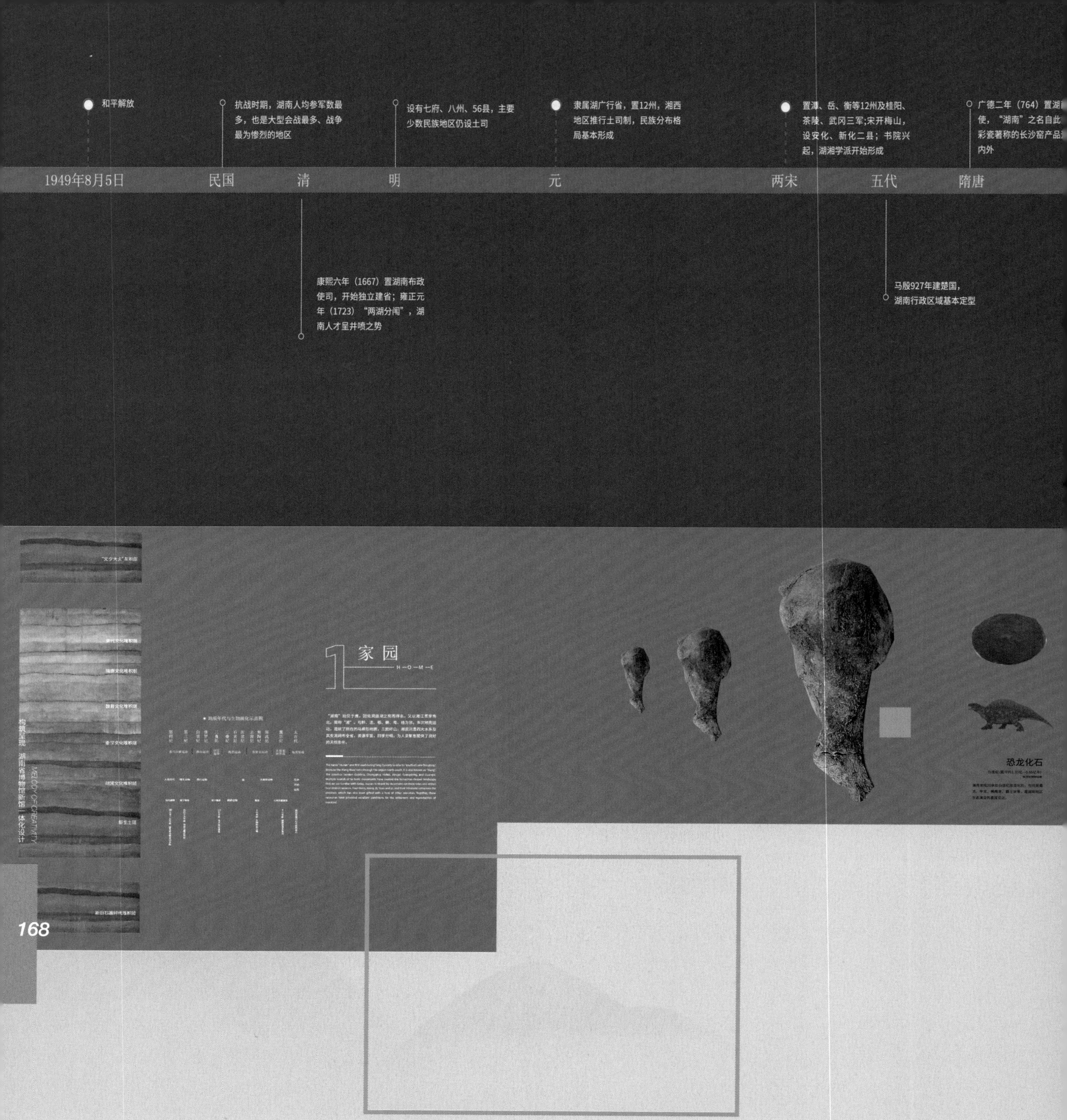
和平解放
1949年8月5日
抗战时期，湖南人均参军数最多，也是大型会战最多、战争最为惨烈的地区
民国
清
康熙六年（1667）置湖南布政使司，开始独立建省；雍正元年（1723）"两湖分闱"，湖南人才呈井喷之势
设有七府、八州、56县，主要少数民族地区仍设土司
明
隶属湖广行省，置12州，湘西地区推行土司制，民族分布格局基本形成
元
置潭、岳、衡等12州及桂阳、茶陵、武冈三军;宋开梅山，设安化、新化二县；书院兴起，湖湘学派开始形成
两宋
五代
马殷927年建楚国，湖南行政区域基本定型
隋唐
广德二年（764）置湖
使，"湖南"之名自此
彩瓷著称的长沙窑产品
内外
1 家园
H—O—M—E
恐龙化石

无印来满面、吴，足与俟关间
反映了湖南的政治经济状况

直长沙、武陵、桂阳、零陵四郡

据至耶秦间记载，湖南设洞庭郡、苍梧郡

澧县城头山城址
被誉为"中国最早的城"

道县福岩洞遗址
发现世界最早现代智人牙齿化石

| 晋南北朝 | 三国 | 东汉 | 西汉 | 秦 | 春秋战国 | 4500－6300年前 | 1.5万年前 | 8－12万年前 | 50万年前 |

设湘、荆等州，北方人口大批南徙，
加速了湘江流域和洞庭湖区的开发

置长沙国和武陵、桂阳、
零陵三郡

逐步纳入楚国管辖范围

玉蟾岩遗址
发现世界最早古栽培稻和陶器

虎爪山遗址
发现湖南最早人类遗迹

鳞木化石

蕨类化石

菊石化石

三叶虫化石

首先，该区域的第一视觉形成了以时间为脉络的一个线性"轴"，从生命之初至文明之始，构建出湖南自然与历史脉络的基本框架。将文物、标本以及不同历史时期的重要历史事件镶入此"轴"，动植物化石标本、地质岩层标本、历史文化层标本的展示分布于展区的中心、地面、墙面，使原本线性化的展示内容形成一种观众步入式的信息空间，立体地呈现内容。

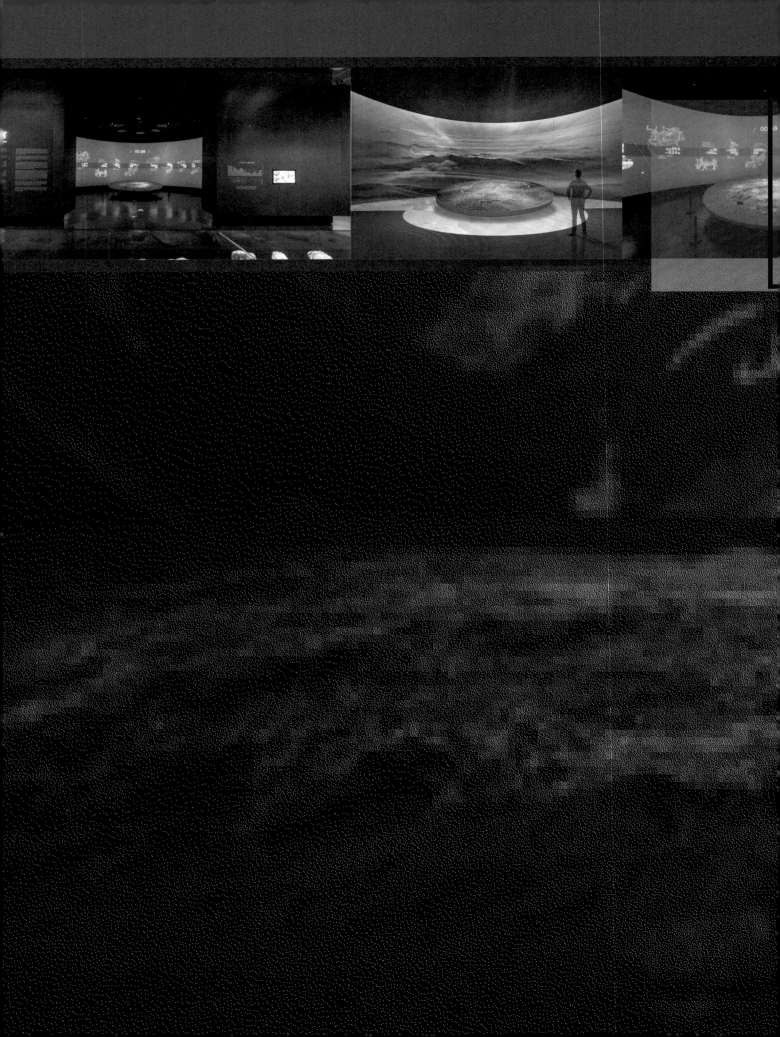

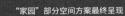

其次，一个反映大时空大背景的影像被设置在一个相对独立，且不对观众主流线形成干扰的空间区域。以沉浸式的影像环境，环幕＋沙盘影像的技术手段，结合策划理念中的"第一人称"视角成为该展区的展示亮点。既提升了展示的生动性又满足了展区内多媒体的声光控制度，同时避免了大流量状态下观众拥堵的现象。

【复原陈列】
唐家老屋——最大的 展项

"湖南人"策划理念的最大特点是以第一人称为视角，大胆借用文化人类学的研究方法，向观众展开一幅反映湖南社会以及湖南人精神面貌的历史画卷。达到"见人见物见精神"的展示目的。唐家老屋，是清代历史时间节点上湖南人宗族聚居的典型代表"物"。

2012年9月在"湖南人"内容策划专家的带领下，由内容设计、形式设计、文物保护、DNA采集、民族民俗调查、藏品、古建筑测绘等多个专业组成的专项课题组，来到位于雪峰山南麓巫水河畔的唐洲村，对唐家老屋进行考察。这种实地参与观察、比较的形式正是文化人类学的基本研究方法。唐家老屋作为宗族文化典型载体，历经两百年风雨。承载着唐姓族人艰苦创业、励精图治的奋斗历史，完整地"记录"了自清代以来的湖南人居住与基本生活状况。反映了湖南社会面貌发生了重大转变的历史大背景下，宗族聚居成村的文化现象。

172

唐家老屋现场

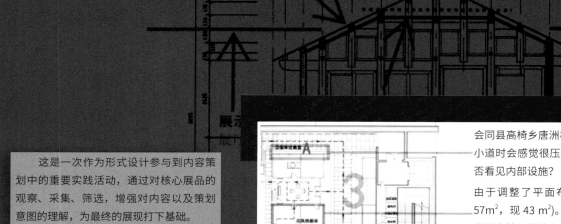

这是一次作为形式设计参与到内容策划中的重要实践活动，通过对核心展品的观察、采集、筛选，增强对内容以及策划意图的理解，为最终的展现打下基础。

会同县高椅乡唐洲村房屋由于观众进入宗族聚居小道时会感觉很压抑。墙面能否敞开，让观众可否看见内部设施？

由于调整了平面布局后，影院尺寸缩小（原 57m²，现 43 m²）。 是否能将影院上方两个小房间合并入影院？

休息区，可开窗

唐家老屋将已复原陈列的方式完整搬迁至博物馆作为实物展现，整体建筑分内外两栋，均为木质二层穿斗式结构，两坡屋面一字排开，坐北朝南，两建筑之间和东西两端均有马头墙封堵，是典型的清代江南营造法式，同时又具有浓郁的沅湘特色兼侗家建筑风格。单栋建筑高约 8.9 米，屋檐口到地面高度为 5.96 米，开间宽度为 11.22 米，开间纵深约 6 米。* 这就意味着要在新馆建筑本体内，再搭建一栋独立的房子。其难度在于建筑设计在前期阶段必须优先考虑空间结构的承重，建筑高度的预留，机电、暖通及消防设备的避让，这是常规博物馆建筑中很难做到的，在"一体化"设计理念的背景下，新馆建筑本体设计与内容及形式设计的周期基本同步，展示形式设计团队优先确定"唐家老屋"的空间位置，并将展品基本情况反馈给建筑设计。使其能在前期考虑相应因素，就能完成最终呈现。

* 湖南省怀化市会同县高椅乡唐洲村古民居纪录．湖南省博物馆提供资料

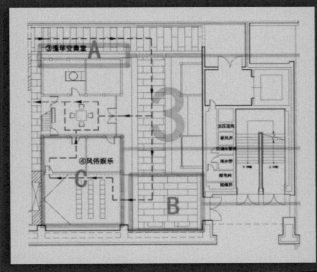

2013 年 4 月唐家老屋专项沟通会议纪要

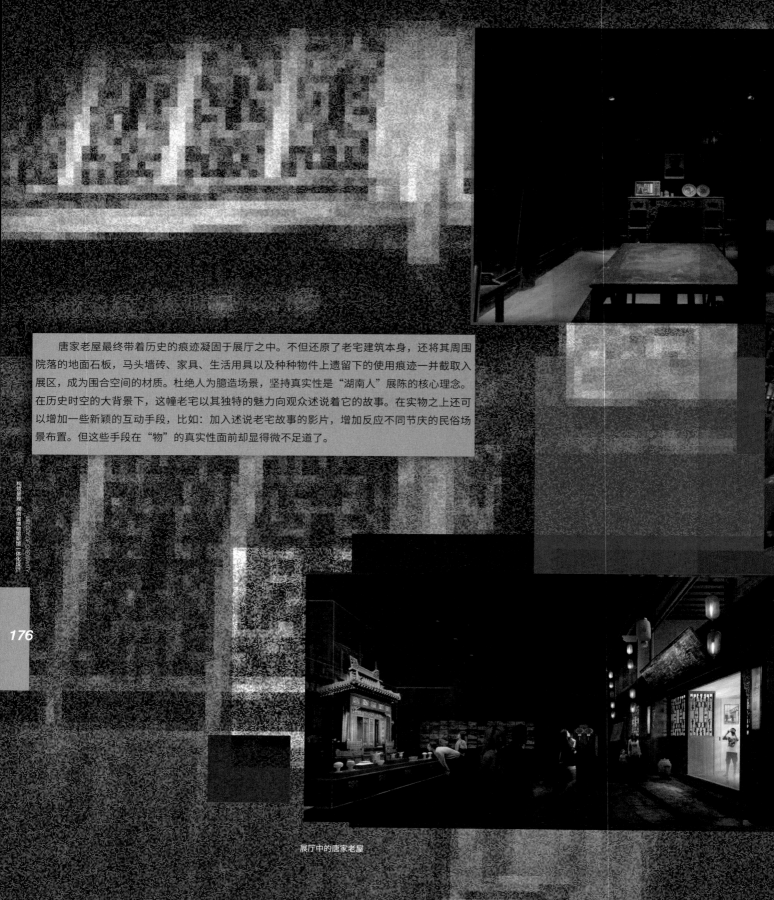

　　唐家老屋最终带着历史的痕迹凝固于展厅之中。不但还原了老宅建筑本身，还将其周围院落的地面石板，马头墙砖、家具、生活用具以及种种物件上遗留下的使用痕迹一并截取入展区，成为围合空间的材质。杜绝人为臆造场景，坚持真实性是"湖南人"展陈的核心理念。在历史时空的大背景下，这幢老宅以其独特的魅力向观众述说着它的故事。在实物之上还可以增加一些新颖的互动手段，比如：加入述说老宅故事的影片，增加反应不同节庆的民俗场景布置。但这些手段在"物"的真实性面前却显得微不足道了。

176

展厅中的唐家老屋

唐家老屋展示图

从 野生稻 到 栽培稻 的 组合展现
——最小的 展品

　　"湖南人"展区的第三单元"洞庭鱼米乡"讲述湖南这片土地上的远古人类征服和驯化自然的故事。古人在漫长的进化过程中经历了从觅食者到生产者的演变。野生稻作为栽培稻的近缘祖先种，在这一演变中有着重要的意义。在本展区的第一部分，将以野生稻与栽培稻标本的对比作为开端，向观众直观展示这一演变过程。

181

第十章 第三节 设计之保护
The Preservation of Design

182

　　2013年9月，"湖南人"内容设计与形式设计团队考察了位于湖南省茶陵县境内的"湖里"湿地普通野生稻保护区。该区域海拔153m，四周环山。年平均气温17.9℃。有沼泽334000 m²。普通野生稻就生长在湿地南部，面积为10752 m²。

　　这片区域有多种植物与野生稻伴生，乍一看与杂草无异。据保护区工作人员介绍，野生稻需要在特定的自然环境下生长，其生长周期、产量无规律，不需要人类干预，纯粹依靠自身生命力成长。其生殖繁衍不依靠种子，而是由地下的根茎生出。其果实的饱满度远远低于人工栽培稻。

"洞庭鱼米乡"部分空间效果图

设计将截取 2m² 野生水稻作为标本，并计划在保护区不同方位架设不同角度的观测点，运用延时摄影的方式记录一年中野生水稻的生长过程（最终由于条件限制未能实现）。以野生水稻与栽培稻标本对比展示向观众发问，野生水稻是如何生长的？它与人工稻有何不同？最早的栽培稻长什么样？

湖南道县玉蟾岩遗址是一处距今约 15000 至 13000 年的史前人类洞穴遗址，考古学家在遗址中发现了原始陶片和4粒稻谷。经专家鉴定，稻谷尚保留野生稻、籼稻及粳稻的综合特征。这是目前世界上发现的最早有人工栽培稻特征的标本，刷新了人类最早栽培水稻的历史纪录 *。

"洞庭鱼米乡"部分空间效果图

这是湖南稻作文明的最大亮点，但也是"湖南人"展区的最小展品。一颗比指甲盖还小好几倍的碳化稻谷。在普通观众眼中可能就是一个小黑点。就算运用放大镜观看，也完全看不出隐藏在其背后跨越万年的人类进化故事。在展示呈现上选择将分布在各部分的核心内容汇集于展区中心，形成一个组合展示区。即将最早的人工栽培稻——玉蟾岩稻谷、最早的陶器——陶釜、最早的城——城头山古城、最早水稻起源地——澧阳平原组成从湖南到中国乃至世界范围内的稻作文明之最。这种集中展示是在"物"的层面上，对于内容策划的一次再创作，提升了展示内容以及展品的视觉震撼力。形式设计参与到策划中，从被动表现走向了主动组织。

稻之源空间方案及呈现

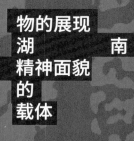

物的展现
湖　　南　　　　人
精神面貌
的
载体

构筑湿迟 湖南省博物院新馆一体化设计

MELODY OF CREATIVITY

"湖南人"内容策划专家: "'湖南人'以'纪事本末体'为叙事方式。策划思路有别于常规通史陈列。即"时间线索不再作为叙事模式的唯一路径,展览所呈现出来的纵向、线性历史发展的色彩开始减弱,一个横向展开的整体社会的形象更为清晰"。

文化遗产是贯穿始终的展示主体，除开历史文物等物质文化遗产外，非物质文化遗产也成为"湖南人"展陈的重要展项。在新馆建设期间，湖南省博物馆与复旦大学合作联手展开了名为"湖南省人群构成和起源的分子生物学研究"，对湖南境内各个地区汉族、客家人、土家族、苗族、侗族、瑶族、白族、回族等多个主要少数民族进行了尽千份血样采集、筛选与 DNA 研究，呈现湖南民族构成的整体面貌，是对第二单元"我从哪里来"历史文物展示的印证。

展区结合信息采集成果绘制了湖南主体民族及特色姓氏 DNA 谱系图，并形成了 6 米长的互动展示墙：湖南民族方言互动墙。展项以土家族（两大方言区：龙山坡脚、泸溪林溪乡）、苗族（两大方言区：凤凰腊尔山台地上、靖州三锹乡、沅陵瓦乡话）、侗族（两大方言区：通道坪坦或独坡、新晃天井寨、靖州滥泥冲）、瑶族（江华瑶族）、白族（桑植白族乡民家话）、汉族（五大方言：西南官话、赣语、客家话—浏阳、土话、乡话）六大方言片区为线索，从两个方面采集方言信息：一、各族群具有代表性文化事项中会用到的方言；二、所有族群说同样含义的句子："我是什么民族的？我叫什么？我爱我的家乡。"形式设计运用多点触控数字"魔"屏技术，将每个"被采集人"的方言与其人物形象组合，形成多层级信息化互动展示。观众可以点击每个头像，了解其居住区域，生活环境以及方言特点。

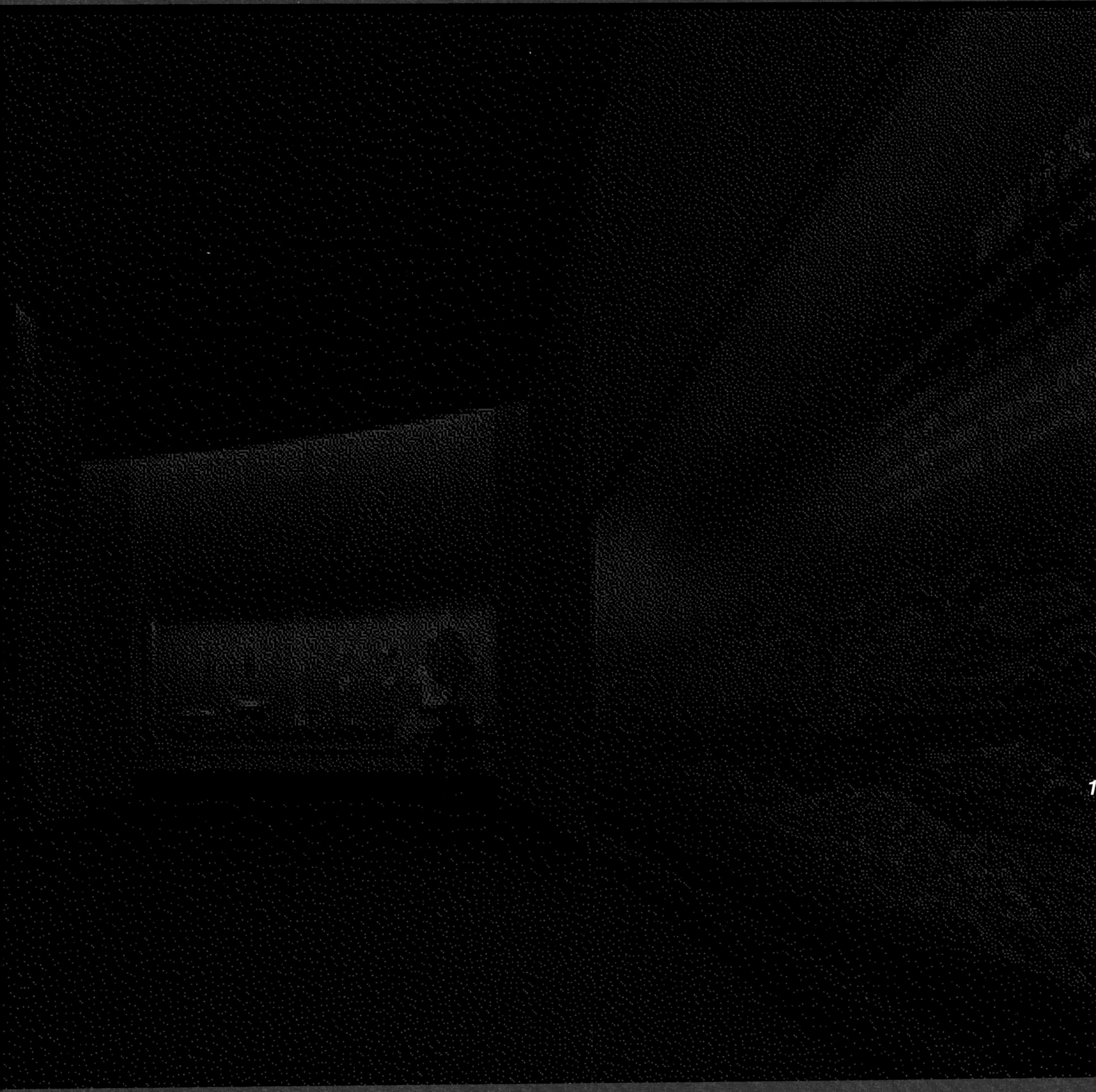

展项建立起了一个集民族文化、图片、声像、族群血样等综合信息的"湖南民族数据库"，并形成开放式端口，可满足日后数据更新与扩展。这无疑是对博物馆非物质文化遗产藏品的重要补充，是文化遗产数据化的一种体现。

文物的组合式陈列是"湖南人"展区的又一特色。在 3500m² 的展示空间中，呈现了近 4000 件套组的文物。大到 20m 长的魏晋路面、6m 高的清代民居，小到石器时代的碳化稻谷、各个历史时期的生活用具。文物是对展示内容的印证，在第四单元"生活的足迹"中，文物之间构成"切片"式的组合展示关系。犹如一幅幅情景画卷，呈现不同历史时期的湖南人物质生活。

192

《湖南方物志》
卷一摘引

賣以下者，一務指四物三萬買以下鎮六務一萬買以下永三務邵二務五千買以下道一務郴一務桂凡六

務辰冗無定額運布

湖南歲稅羅綢七萬匹衡永歲入中平小難各萬匹

潮南歲供天申大禮綢四百匹平綢三千匹

至元二十六年五月置湖廣木棉提舉司

棉十萬匹以都提舉司總之

錦布各縣皆有

197

北宋（960—1127年）

"蓬荜变奥堂"部分空间效果图

例如一组出土于长沙金盆岭墓晋贵族出行仪仗俑的展示，反映魏晋时期湖南人贵族社会生活的画面。汉末动乱，北方游牧民族内迁,中原衣冠大量南迁，也带入中原文化与习俗，骑马便是仅限于贵族生活的习俗之一。 还有一组出土于咸家湖唐墓反映盛唐贵族生活的展示，文物成 5 个小情景摆放，包括：出行——室内陈设——起居饮食——娱乐文房——死后守护神灵。

　　这一系列连续的情景化的文物组合画面生动地展现了唐代贵族生活画面。两组文物均设置在独立展柜之中，并列展示。两种不同历史时期的生活画面在同一空间形成了有趣的对比关系。此外将长沙东牌楼古城遗址出土的魏晋时期青砖路面做特殊处理，作为参观游道铺设于展品一侧。使观众可以行走在晋代时期的路面之上，与魏晋时期的文物进行一次时空对话。

构筑呈现　湖南省博物馆新馆一体化设计　MELODY OF CREATIVITY

传道济民的践履

呈＋現 第三章 设计之至

yodm03 · The Presentation of Design

构景呈现 湖南省博物馆新馆 一体化设计

MELODY OF CREATIVITY

专题馆
Theme Pavilion

一琴
激逸响于湘江兮潇
湘古琴文化展

龚上雅
湖南省博物馆新馆
专题馆主设计

王喜光
湖南省博物馆新馆
室内、展陈设计执行总监

以湖南地方古琴相关的人和事等为主线，发掘湖湘文化中的古琴情结以及古琴对湖湘文化的影响，以"空灵"的作为空间主题以及展览的切入点，根据"古琴"的特点，将展柜以轻质化的材料进行设计，结合看、听、抚的展示方式，来展示中国古琴的悠久历史和"空灵"的意向特征。

激逸響于湘江兮

MELODY OF CREATIVITY

构筑星期 湖南省博物馆新馆—体化设计

构筑呈现 湖南省博物馆新馆一体化设计
MELODY OF CREATIVITY

禮樂

礼乐制度中的古琴

225

一瓷
多彩瓷画
浮生百态

通过百余件古代彩绘瓷器的演绎，讲述中国工匠以画饰瓷的历史，阐释古人寄托于瓷画中的文化含义。以历史的时间轴为切入点，暗喻潇湘彩绘瓷器的源远流长。以"百态浮生"为展示暗线，结合不同时期瓷画来反映古人寄情于画的文化内涵。

醴陵釉下烧

清、民国釉彩

明代：程式画与世俗画

227

瓷之画

从长沙窑到醴陵窑

好的博物馆展览应有学术支撑，有主线，有故事。陶瓷从古自今与人类生活密切相关，其展览范围应秉持贴近大众、喜闻乐见、通俗易懂的理念。目前的陶瓷专题展览多注重陶瓷发展史、装饰史的讲述，表现为古代瓷器精品展或陶瓷器精品展，专业性较强，观众看很有难度。此次透题我们希望能摆脱"高冷"，更加贴近生活，雅俗共赏，在传递知识的同时也让公众欣赏艺术之美，领略中国传统文化之底蕴。

本展试图通过百余件古代彩绘瓷器的演绎，讲述中国工匠以画饰瓷的历史，阐释古人寄托于瓷画中的文化含义。该题材有两个优点：一是能把最美好的展品呈现给观众，因为"瓷画"是瓷器中最精美、最具文化底蕴的品类，二是能凸显湖南陶瓷在中国陶瓷发展史的重要地位，唐代长沙窑代表了中国彩绘瓷器发展的第一个高峰。清末民初醴陵窑的釉下五彩工艺再次打破传统，代表了"东方陶瓷艺术的高峰"，解放后至今为国家领导人制瓷，被誉为"红官窑"，长沙窑和醴陵窑为中国彩绘瓷的发展做出了的重要历史。

从馆藏齐白石艺术作品中精选 100 幅左右有代表性的绘画作品，包括早、中、晚各时期作品，力图构建齐白石绘画相对完整的风格序列，突出湖南省博物馆藏齐白石绘画作品的地方特色。设计简洁、大气，流线清晰，使用高品质的展柜和可感应的灯光，主要展柜类型为沿展墙通柜、独立或组合低平柜，通柜要求能够调节高低和进深，并尽可能做到可持续使用性，不仅此次齐白石绘画展览可使用，亦为以后的系列馆藏传统书画专题展览或个别的引进传统书画展览奠定展厅基本条件。

齐白石绘画作品展

馆藏 齐白石 绘画作品展

書吾自画

画吾自画

瓷之畫
长沙窑到醴陵窑

瓷之畫
从长沙窑
到醴陵窑

构筑呈现　湖南省博物馆新馆一体化设计　MELODY OF CREATIVITY

235

呈＋现现 第三章 设计之呈

sector 03: The Presentation of Design

构筑呈现 湖南省博物馆新馆一体化设计

MELODY OF CREATIVITY

书画专题展厅概念方案

临时展厅
Temporary Exhibition Hall

图为 2018 年 FAC 国际少儿绘画大赛"未来我来"展览现场

公共区域
Common Area

公共空间设计理念
展示的纽带与延续 文化的传承与升华

湖南省博物馆新馆是湖湘文化展示的中心和代表，现代博物馆展示多样化、功能现代化、服务人性化要求公共空间具有同样特性。为博物馆展览展示、收藏保护、研究交流、文化传播、社会教育、旅游休闲六大核心功能提供更好的人性服务与文化体验。

湖南省博物馆新馆公共空间设计以湖湘历史文化脉络作为公共空间的设计主线，选取其中具有代表性的文明印记作为我们各个空间的元素符号。玉蟾岩遗址出土了迄今为止最早的陶斧及稻，湖湘文明从这里开始，而后出现了夏商周国之重器、马王堆汉墓、蔡伦造纸、陶瓷之路上的长沙窑等文明印记。湖南人在这片流淌着湘江、资江、沅江、澧水的三湘丰奥之地上创造了属于各时代的人类文明。我们的公共空间设计，就是从这些历史碎片中找寻属于湖南省博物馆她自己的记忆与故事，用设计的思维，注重与环境、功能、艺术、技术等因素的融合。强调"以人为本，服务社会"的宗旨，构建一座多功能的博物馆综合体，体现湖南的特有文化气质。

构筑里造询 湖南省博物馆新馆一体化设计　*MELODY OF CREATIVITY*

9h

构筑呈现　湖南省博物馆新馆一体化设计

MELODY OF CREATIVITY

构筑呈现 湖南省博物馆新馆一体化设计
MELODY OF CREATIVITY

HISTORY OF DESIGNITY

材料表现 视觉感受的那种 | 体验设计

269

构筑呈现 湖南省博物馆新馆·体块设计 MELODY OF CREATIVITY

271

REPORT COLLECTION

集声 03

第三篇章
Chapter Three

第四章
辉煌之现

影像呈现
图像/现场呈现

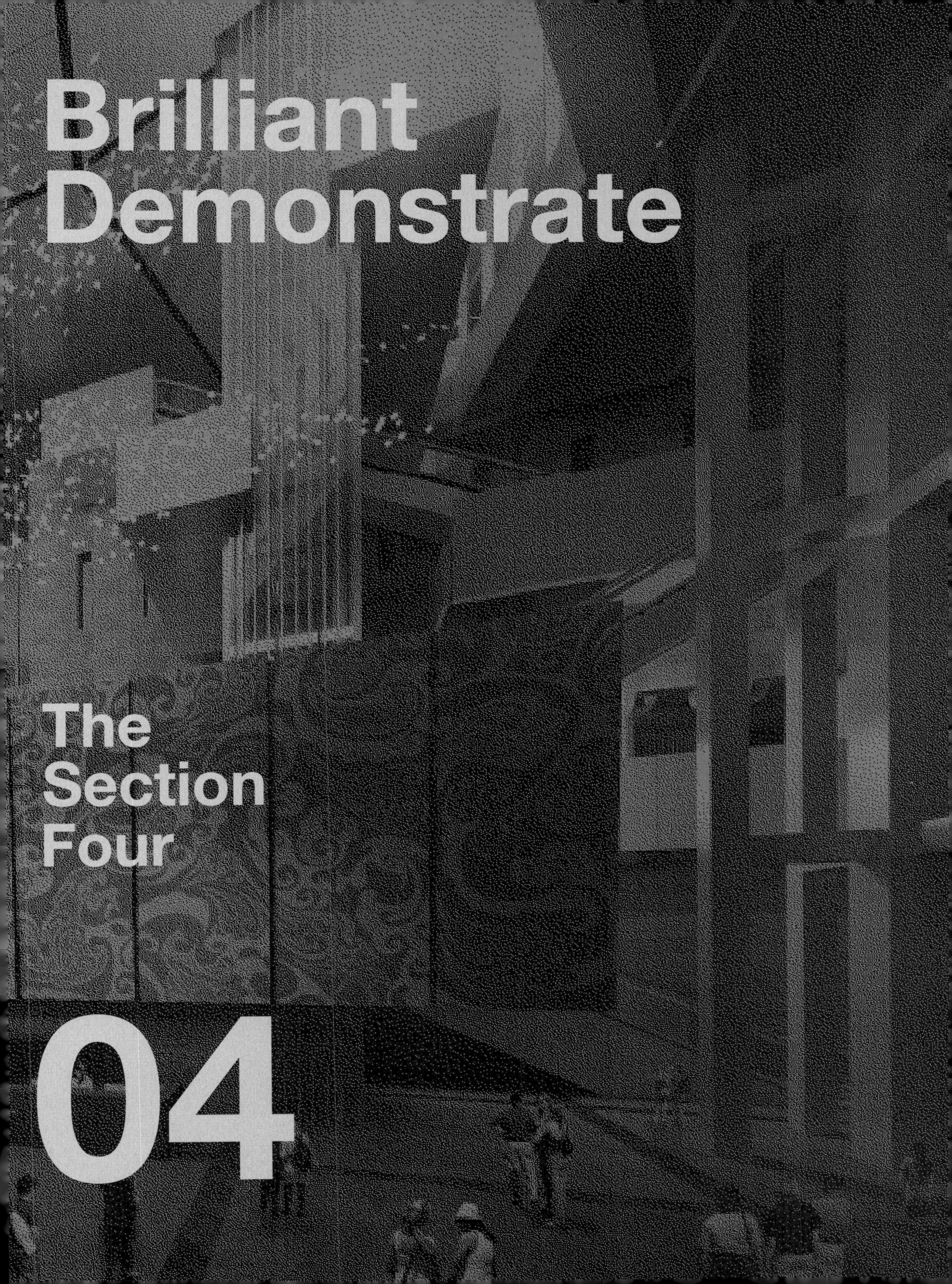

Brilliant
Demonstrate

The
Section
Four

04

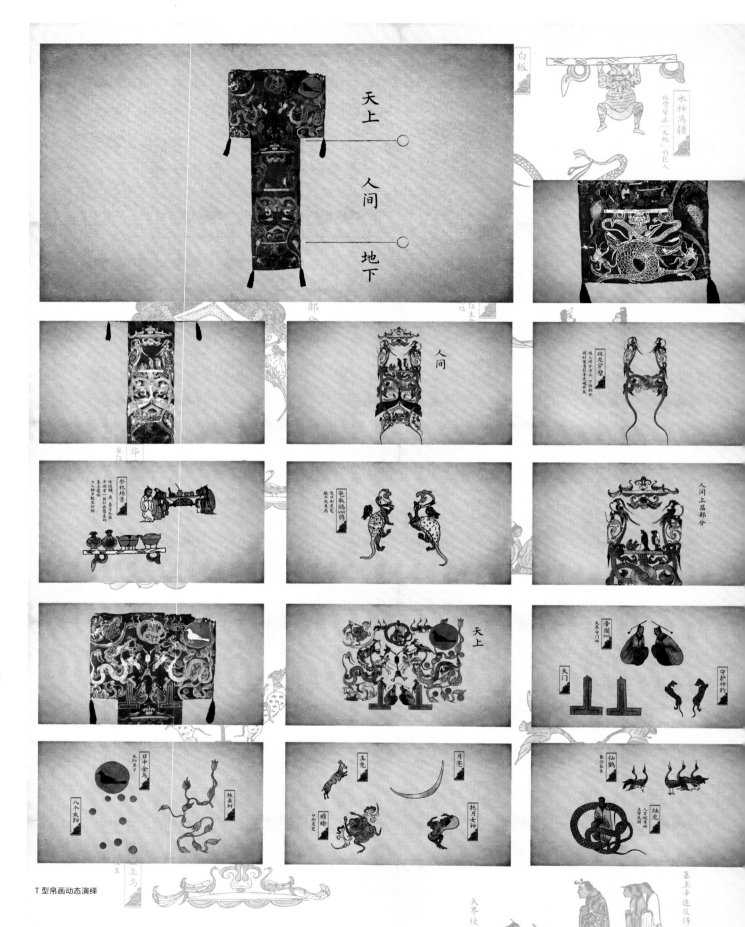

天上

人间

地下

白板

水神禺疆
双脚穿系「大地」的巨人

征生
福

部分

人间

双龙穿璧
诱入人间分为上、下两部分，同时寓意导引亡灵魂升天

华

象征

祭祀场景
神话镶嵌，奉享守魂都中隙宴，奉守龙魂五种七人抬手祭众神

龟驮鸱鸮
龟口衔灵芝，献不死灵药

人间上居部分

天上

帝阍
天界守门神

天门

守护神豹

日中金乌
太阳黑子

八个太阳

扶桑树

立鸟

玉兔

月亮

雅玲
日的灵艺

托月女神

仙鹤
象征长生

烛龙
人首地神主掌天国

日中金乌

T型帛画动态演绎

飞廉
又名招魂鸟迎接亡者

天界使者

墓主辛追及侍女

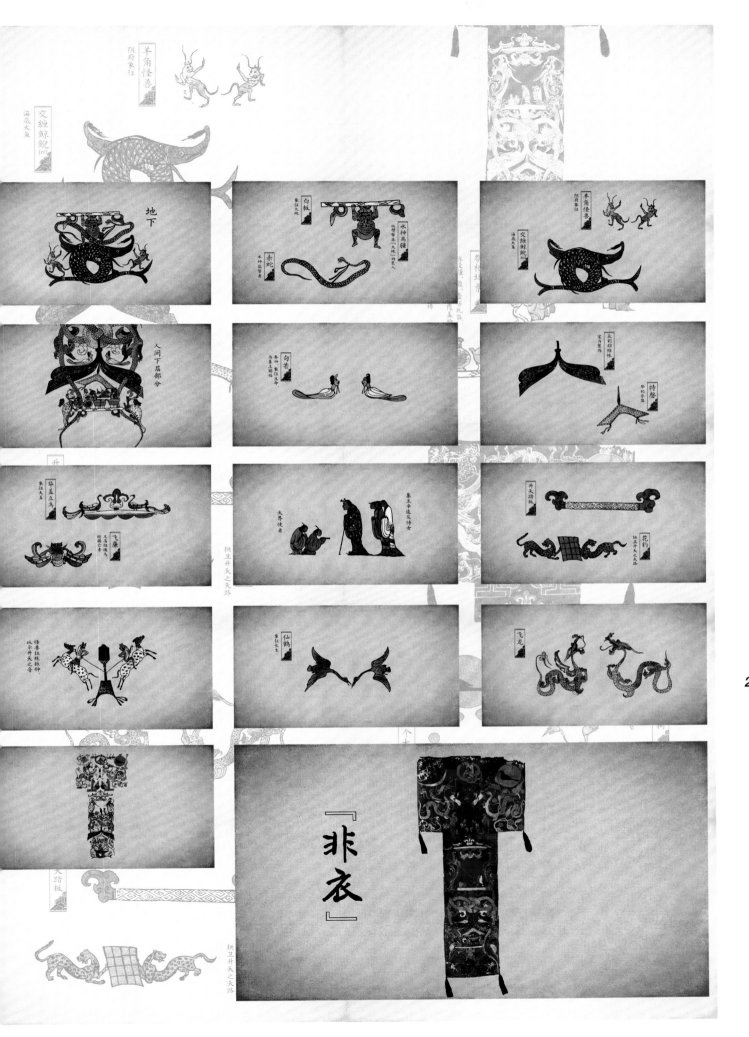

设计背后

跨越时空之旅
从项目之初到落成，持续了六年
从海外到湖南，学术考察团足迹遍及全球

284

构筑至真　湖南省博物馆新馆　一体化设计
MELODY OF CREATION

构筑呈现　湖南省博物馆新馆一体化设计　MELODY OF CREATIVITY

第五章
各界之声

论考集
影响之声

Voices of the Various Industries

The
Section
Five

05

理解博物馆建筑展陈一体化设计的三个视角

（节选）

作者：孔岑蔚
中央美术学院

博物馆建筑展陈一体化设计，可以看作是一种新的设计哲学与文化策略。 博物馆建筑展陈一体化设计的提出，反映了设计学者对博物馆设计范式的文化自觉与重新解读。从城市文化的角度来看，博物馆所隐含的历史信息不再受困于狭隘空间的束缚，逐渐从局部的舍内空间走向综合的场所展示，尽而构建出一种可传播的城市历史形象。

湖南省博物馆的一体化设计，可以看成是上述思路的综合实践与进一步延伸。

我们可以从下面三个视角来理解博物馆建筑展陈一体化设计的内涵特征：

施福斯基认为博物馆学研究的主体应从博物馆（作为历史机构）转移到"博物馆性"（特定的历史价值），并将博物馆性的研究对象界定在"人与现实世界的特殊关系"之中。

施福斯基认为博物馆学研究的
主体应从博物馆（作为历史机
构）转移到"博物馆性"（特
定的历史价值），并将博物馆
性的研究对象界定在"人与现
实世界的特殊关系"之中。

一、 博物馆 与"博物馆性"

博物馆性 (Museality) 一词由捷克博物馆学家施福斯基 (Stránský, Z.Z)
提出。施福斯基认为博物馆学研究的主体应从博物馆（作
为历史机构）转移到"博物馆性"（特定的历史价值），
并将博物馆性的研究对象界定在"人与现实世界的特殊关
系"之中。从这个角度来看，建筑与展陈一体化的博物馆，
更多是从观念层面与价值层面展开，对特定历史阐述与展
示而进行的博物馆现象尝试，是将博物馆回归本质进行重
构。**其背后的实质，可以说是博物馆这一人类学现象在当
下的自觉更迭与再造。**

二、整体与系统

建筑与展陈的一体化设计，强调的是建筑构筑与展陈空间的整体性结果。即从"建筑"与"展陈"二元对立式的理解，走向一种"整体展示"的系统理解。

从"建筑"与"展陈"走向整体的一体化结果，显现了博物馆现象在当下的两个转变过程：

从 "建筑" 与 "展陈" 走向整体的一体化结果， 显现 了 博物馆 现象 在当下 的 两个 转变过程：

一是从"局部"到"系统"的思维转变。建筑与展陈一体化建构的是看待博物馆设计的一种新视角，即脱离建筑与展陈的孤立，强调从整体性、系统性、价值性的视角来反观博物馆建构的可能。通过系统展示来驱动博物馆的整体设计，改变博物馆系统的构成方式，进而影响博物馆设计理念的更迭与创新。

二是从"加和"到"涌现"的结果转变。加和与涌现，可看作事物生成的两种方式。<u>贝塔朗菲指出：**系统具有两种整体性，**</u>一类是加和式的整体性；另一类是非加和式的整体性，即整体不等于部分之和。

作为一种"文化的机构"，博物馆绝不是建筑与展陈二元的并置与组合。传统的博物馆设计将建筑与展陈断裂，强调建筑先行，展陈则变成了博物馆建筑最后的"填入式内容"。但当面对新建或改扩建一座博物馆时，仍然以"建筑先行、展陈填入"的方式来展开设计，其结果往往会带来建筑空间与展陈内容的断裂，进而造成空间的雷同与体验的乏味。

作为博物馆特性的重要表征，建筑与展陈呈现的"形式"往往构成观众对一座博物馆辨识的重要符号。在一体化的策略之下，博物馆的形式不是来自于平面、剖面或图解，而是产生于一种"顶层驱动力"所催生的"涌现"结果。

在整体性的建构过程中，一种顶层的驱动力是至关重要的。一体化的涌现过程，实际上是设计师整合驱动力的过程，通过驱动力所形成的综合文化符号来代替原有建筑与展陈的独立形式符号，成为一体化设计的重要特征。从湖南省博物馆中，我们同样能看到辛追墓对博物馆整体的统领作用。

值得注意的是，对于博物馆这种综合性的设计任务来说，一体化的整体性是一种系统统筹的结果。抛开行政与执行的层面，我们可以将一体化设计归纳为三个可渐进的统筹层级：第一层级是作为承载体的建筑、展陈、景观空间。第二层级是视觉与信息系统，它是物理形态之上的视觉辨识。第三层级是文创与延伸设计等，它构成了一体化设计的符号表达。三个层级所对应的设计团队相互交融与支撑，形成整体的协同机制，它强调的是建筑师、展陈设计师、视觉设计师、产品设计师在共同的目标下整体联动，成为共同为顶层策划服务的设计整体。

三、场所与情境

美国社会学家托马斯（Willam Isaac Thomas）提出了"情境定义"（The definition of the situation）。在情境的塑造方法中，构筑形态、装置语言、叙事线索、电影术等众多语言成为设计师为我所用的策略与工具，建筑与展陈的设计也从独立的"形式与功能"设计走向了以人体验为核心的"系统与场所"设计。

情境与空间是不可分割的。一体化的博物馆聚焦于观众"体验阈值"的确立，即一种由宏观的文化场所到中观建筑空间，再到微观视觉形象的整体情境的体验。物与信息是情境的内容文本，空间与形式则是情境构建的具体语言，而观众对情境的感悟与体验，则构成了参观者对一体化情境的综合反馈。更为重要的是，博物馆的核心价值发生了重要转变："物"作为过去博物馆价值中枢的地位逐渐式微，简单对"物"的观看已无法承载当代博物馆广义的文化属性。在一体化的语境之下，博物馆也终将从过去狭义的珍宝"空间"走向未来广义的文化"场所"。

情境 与
空间
是 不可分割 的

Section 05: Voices of the Various Industries

集＋声 第四章 各界之声

293

建筑与展陈的设计也从独立的"形式与功能"设计走向了以人体验为核心的"系统与场所"设计。

整个展览的叙事体验中，跟随叙事线索的转换，从旁观者变成了推动剧情发展的演员。

情境 与
空间
是 不可分割 的

叙事到顿悟："一体化情境体验"策略驱动博物馆创新设计研究——以湖南省博物馆新馆设计为例

（节选）*

作者：柳棱棱
中央美术学院

超越叙事：作为媒介的一体化情境体验

294

　　为了更好地激发观众的认知提升，反思博物馆的塑造策略，我们引入第二代认知学理论"具身认知"及其中的"顿悟"概念。狭义的具身认知，是指认知或心智主要被身体的动作和形式所决定；广义的具身认知则认为认知受到主体经验及不同情境的影响，既要重视身体作用，又要强调身体与环境的互动。**"顿悟"作为认知跃迁的重要形式，是"认知提升"的重要目标。**

　　在博物馆中的整体性情境体验应该是一种体验的一体化过程。首先，它的意义必须依赖观众的主动参与才可以显现。其次，它需要借助故事化的叙事结构将各叙事单元进行有机的整合，在观众参观、学习的时间和空间序列中，体验逐步叠加，最终形成超越各叙事单元自身意义的整体体验，由此激发"顿悟"的产生。

　　2017年开馆的湖南省博物馆新馆是其中较为成功的案例之一，它有效地利用叙事策略实现了博物馆"观众、内容、展览、建筑"四大要素的体验一体化；同时从"开放的叙事内容""统一的空间语境""戏剧性的叙事体验"以及"多元的学习情境"四个角度构建出了能够激发"顿悟"的一体化情境体验博物馆（图1）。

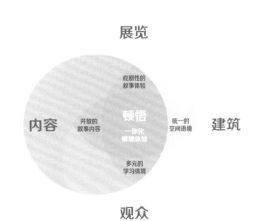

图1　以激发"顿悟"为目标的一体化情境体验策略

* 原文部分发表于《美术观察》2021年第四期，此为文章节选

致力于顿悟：构建博物馆"一体化情境体验"

1 开放的叙事内容

只有营造一种开放、平等的交流方式，打破传统博物馆居高临下且封闭的叙事模式，将观众纳入到叙事内容中进行整体考虑，才有可能让观众从认知层面主动参与到对内容意义的理解中。

叙事内容的开放与包容 依赖于叙事视角的选择，不同叙事角度的选择决定了叙事者对情节组织、内容塑造、意义传达、结构构建等方面的差异，也直接影响观众对叙事内容的感受。限知视角是将叙事者与观众等同起来，即叙事者所知道的与观众同样多，这就建立了具有对等关系的叙事模式，从而将观众带入叙事情境，同时强化内容的真实性和表现力。

2 统一的空间语境

空间语境是指从观众的体验入手，利用空间及其相关的叙事元素构建出的一种可被感知的、具有统一主题的动态叙事环境或叙事氛围。从观众进入博物馆的那一刻开始，每一个空间都是一幕剧，一个演绎单元。这些独立的空间演绎单元需要围绕观众的体验，构建出统一的空间语境，才有可能实现一体化的情境体验，才有可能从中产生"顿悟"。

在博物馆空间语境设定中，我们可以通过对观众情绪尺度的预设和把握来反向定位客观叙事环境中体验性程度的强弱。确定观众在整个博物馆空间、时间序列中情绪变化的"情绪结构"，才能够明确每个演绎单元的体验性程度，为整体的空间语境提供依据。例如湖博新馆的情绪量表所示，依据情绪量表联合设计团队确定出整个博物馆的情绪结构和情绪尺度（图2）。

与此同时，观众对博物馆整体空间语境的理解离不开"语意"的传达。语意必须通过符号表达。由于博物馆观众的认知背景千差万别，精准的提炼或有意的构建能够引起大多数观众共鸣的叙事素材，并将其"符号化"，再依据整体的"情绪结构"和"情绪尺度"合理安排在空间序列和叙事情景中，才能实现整体语意的有效传达，进而完成整体语境的构建。

图 2 "情绪"量表 —— 湖博新馆的情绪结构与情绪尺度

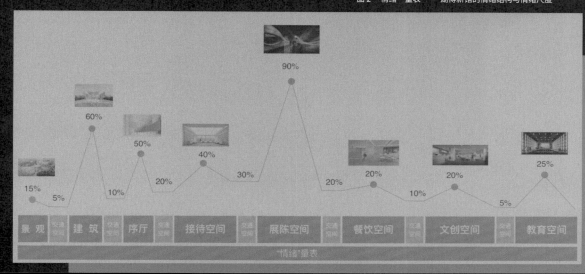

3 "戏剧性的叙事体验"

博物馆体验的创造离不开核心展览的体验性打造，而实现认知提升的关键环节正是综合的展览体验。展览不再是内容的附属品，而是内容的外化形式，是连接内容与建筑、博物馆与观众的关键媒介。要想实现它，需要突破传统单一的、陈列式展览方式，综合地运用"策展、展场、影院、展品、艺术造型"等多种叙事元素，以消解和融合的方式实现建筑、展览、内容、观众的一体化，创造戏剧性的情境体验，从而集中强化观众的认知与感悟。

湖博新馆的核心展览——马王堆展采用情节化的"插叙和倒叙"的叙事结构，摒弃了传统的线性叙事结构，依据展览内容提出"以入画出画为线索，以发现、认识、体验为展示角度，透过墓坑以及文物，展示2000年前的一段辉煌的西汉文明"的策展理念。观众被纳入到整个展览的叙事体验中，跟随叙事线索的转换，从旁观者变成了推动剧情发展的演员（图3、图4）。

4 多元的学习情境

认知提升的一个重要途径是教育，而情境化的教学可以强化和延长观众的认知体验，增强观众认知与博物馆内容的联系，为"顿悟"的产生创造条件。第一，通过利用多媒体技术与互动装置相结合，将重点展项进行情境转译，让观众以互动的方式参与到对博物馆内容的理解中来。第二，创造情境化教学场所，丰富博物馆情境体验。例如，湖博新馆中具有独立情境主题的教育空间（儿童体验中心）（0至8岁）、多功能教室（幼儿与小学生）、教学观摩工作坊（中学生与特殊人群）等。第三，利用文创产品构建日常生活中的博物馆情境体验（图5~图7）。

知提升的一个重要途径是教育，而情境化
教学可以强化和延长观众的认知体验，增强观
众认知与博物馆内……
……创造条件。

博物馆体验的创造离不开对核心展览的体验性打造，而实现认知提升的关键环节正是综合的展览体验。

观众被纳入到整个……的叙事体验中，跟随叙事线索的转换，从旁观者变成了推动剧情发展的演员（图3、图4）。

观众被纳入到整个展览体验的叙事中，跟随叙事线索的转换，从旁观者变成了推动剧情发展的演员（图3、图4）。

图3 戏剧性叙事线索中的情节与观众　　图4 作为叙事的容器墓坑空间

图5 湖南省博物馆教育空间　　图6 主题性儿童教育情境体验　　图7 日常情境体验

点评 7:

重修的省博物馆比原先大了非常多，馆内环境也比之前好很多，感觉甚至比墨尔本博物馆都好很多，尤其是马王堆汉墓的展览非常震撼。

点评 3:

整个馆给我的印象就是震撼。国宝级文物一堆，讲解员非常专业细心。顺着展厅一点点深入，了解马王堆的历史，挖考古故事，非常有意思。走到最后看到还原的墓，还有老太太真容，都是非常震撼的。极力推荐。个人觉得省博的青铜器品很赞，但是马王堆展品是我来的主要目的，刚进馆觉得一般，直到看到最后的井椁和辛追夫人不腐的尸身，不禁感叹，个博物馆值得一来！

——来自网友小朋友系咩

点评 1:

1. 博物馆整体。一个角度，一个窗口，从马王堆角度，进入全朝文化。反映出当时社会的风土人貌，虽说是一个角度问题，其实历史价值大，因为出土文物太多、太全面，基本讲述完当时一个社会的风貌。

展馆娓娓道来，从出土开始，墓地结构开始，参观路线设计带领观众仿佛回到 1970 年，跟着挖掘，一土一木，循序渐进，娓娓道来，渐入佳境，很有震撼力。

2. 结构。好像一幕剧，导演脚步带领，前往公元前 160 至 200 年，如果有电影特效配合展出，那就更具象了。

3. 光线。参观过京都博物馆新馆，虽不及日本的光影震撼，那是一种浑身酥麻的感觉，可也算国内很多博物馆光线设计中的佼佼者。视线随光线聚焦，定焦。引导观众安静沉浸进入展品、展品背后的故事、当时的年代环境。

4. 工作人员。井然有序，引导服务很舒适。

5. 硬说不足，墓地的陪葬品，鉴于当时社会文化的规则，不允许铺张浪费，没有很多很大很震撼的陪葬品，所以算是一点奢望。

总结，很有价值，很值得参观学习，有空大家来。

——来自飞猪用户明媚的太阳

一共三层展厅，每一层都各具特色

点评 2:

中午 12 点到湖南省博物馆，并不用等很久，排了几分钟的队就进去了，一共三层展厅，每一层都各具特色，除了三楼名震四海的马王堆馆，一楼的湖南人馆里的青铜器也是非常精美。不得不说，湖南省博物馆真的是很豪华的一个博物馆，各种高科技应用让参观人员完美体验到了由声光电技术做辅助，让各个展馆呈现出的现代科技与古代藏品结合的神秘美感。在五星占的特辑部分，球形展厅结合先进的全息投影技术让人沉醉星河之中。在三楼马王堆的放映平台上，墓葬坑形制和 3D 投影相结合，共同呈现出了美奂绝伦的视觉盛宴。在参观结束后，博物馆商店门口的两位志愿者大妈邀请我去参加湖南省博物馆的手工艺作坊，在那里，你可以为君幸食狸猫漆盘涂色。我很欣赏博物馆这种寓教于乐的活动，如果是带小朋友参观博物馆的同志千万不要错过这个活动，让小朋友从娱乐中领略文物的魅力。网络可以提前预约，也可以下载湖南省博物馆的 app、听讲解、预约进馆、预约手工艺活动都很方便。

——来自飞猪用户塬 orz

——来自网友大狮狮

构筑呈现 湖南省博物馆新馆一体化设计

MELODY OF CREATIVITY

易复刚是《百家讲坛》主讲人之一易中天的堂哥，退休之前是一名教授，门下弟子享誉国内电视圈，汪涵、李好都是他的学生。2003年从湖南广播电视大学退休后，得知湖南省博物馆招收志愿讲解员，他第一个报名，成为当年湖南省博物馆的首批志愿者，这些年来，他共完成讲解近3200场，已是馆内的"老员工"。他说，"我想一直讲下去，讲到我自己走不动了，讲不了了，我这一生也就没遗憾了。"

王启初，湖南省博物馆原馆长（任职：1983~1985年）：博学必多识，馆藏乃通神，切磋方实战，琢磨乃功成。少年勤学老来成，一寸光阴不可轻。

高至喜，湖南省博物馆原馆长（任职：1986~1992年）：着力做好人才培养；着力做好藏品增进、管理、保护、研究；着力做好陈列展览；争创世界一流博物馆。

熊传薪，湖南省博物馆原馆长（任职：1992~2000年）：希望新湘博与观众更加接近，利用这么好的一个平台，将我们的湖湘文化推向全国，推向世界。

国家宝藏：湖南省博物馆——见证华夏文明多源头格局的历史艺术博物馆。

点评 4:

超出期待，先去的马王堆展区，再去的二楼历史遗迹展区，来来回回看了两两遍，走了4个小时。虽然藏品比不上之前去过的陕历博和南京博物院，但是真的也是非常丰富，值得一去。里面还可以瞻仰保存尚好的辛追夫人遗体。瓷器展、书画展、古琴展展品也很不错。

——来自飞猪用户体 Britmia

点评 5:

今天上午和老伴去了省博物馆，主要是想了解马王堆汉墓的一些具体情况，观赏一些出土文物，尤其是想亲眼目睹马王堆汉墓中出土的女尸。排队进入博物馆，慢慢细看出土文物，一句话，太震撼了！推荐来长沙的朋友一定不要忘记来湖南省博物馆看看，你也会大开眼界，不虚此行的。

——来自飞猪用户 yuehsengw

虽然不是特别大，但硬文物很多。非常喜欢二楼的设计顺序，把湘地的历史从史前到近代捋得很清楚，特别好，而且二楼参观是以"路漫漫其修远兮，吾将上下而求索"作为结束。不仅把湖南的辉煌历史展示得多元而充分，还有着一份谦虚对待未来的心。一楼的马王堆文物和辛追夫人的遗体那就是更没得说的硬国宝了。是我目前感觉最有诚意的博物馆。非常赞！

——来自网友大狮狮

寓教于乐

点评 6:

湖南省博物馆新馆建造人员

吴镝（湖南省博物馆新馆信息化建设）

喻燕姣（湖南省博物馆新馆内容设计主创人）

陈建明（原湖南省博物馆馆长、中国博物馆学会副理事长）

段晓明（湖南省博物馆馆长、中国博物馆学会副理事长）

李建毛（湖南省博物馆新馆策展人、馆党委书记、常务副馆长）

彭卓群（湖南省博物馆副馆长）

陈叙良（湖南省博物馆党委副书记）

刘涛（湖南省博物馆新馆内容设计主创团队）

袁建平（湖南省博物馆新馆内容设计主创团队）

聂菲（湖南省博物馆新馆内容设计主创团队）

郝凝辉（湖南省博物馆新馆文创产品概念主设计）

赵勇（湖南省博物馆新馆建筑结构主设计）

杨晓（湖南省博物馆新馆建筑结构设计总监）

福山博之（湖南省博物馆新馆建筑执行设计）

贾晔宇（湖南省博物馆新馆建筑设计协调）

尚荔（湖南省博物馆新馆建筑设计协调）

矶崎新（湖南省博物馆新馆建筑总设计师）

胡倩（湖南省博物馆新馆建筑设计总监）

何为（湖南省博物馆新馆室内、展陈设计总监）

陈一鸣（湖南省博物馆新馆展陈设计总监）

韩家英（湖南省博物馆新馆视觉总设计）

贾弋（湖南省博物馆新馆视觉版面设计）

赵燕（湖南省博物馆新馆视觉主设计）

董李（湖南省博物馆新馆公共艺术设计）

中谷夫二子（湖南省博物馆新馆公共艺术设计）

卢莉（湖南省博物馆新馆内容设计主创团队）

卢莉（湖南省博物馆新馆内容设计主创团队）

王卉（湖南省博物馆新馆内容设计主创团队）

余斌霞（湖南省博物馆新馆内容设计主创团队）

（湖南省博物馆新馆文创开发）李晓沙

郑曙斌（湖南省博物馆新馆内容设计主创团队）

李叶（湖南省博物馆新馆宣传推广）

李茜子（湖南省博物馆新馆社会教育）

舒丽丽（湖南省博物馆新馆内容设计主创团队）

卢莉（湖南省博物馆新馆内容设计主创团队）　（湖南省博物馆新馆内容设计主创人）王树金

黄志华（湖南省博物馆新馆宣传推广）

（湖南省博物馆新馆内容设计主创人）王树金

（湖南省博物馆新馆内容设计主创人）王树金

（湖南省博物馆新馆内容设计主创人）王树金

黄申（湖南省博物馆新馆形式设计）

黄申（湖南省博物馆新馆形式设计）

黄申（湖南省博物馆新馆形式设计）

潘勇（湖南省博物馆新馆形式设计总负责及马王堆展厅形式设计负责人）

潘勇（湖南省博物馆新馆形式设计总负责及马王堆展厅形式设计负责人）

吴倩（湖南省博物馆新馆湖南人展厅形式设计负责人）

王喜光（湖南省博物馆新馆室内、展陈设计执行总监）

张勋（湖南省博物馆新馆室内、展陈设计执行）

贾罡（湖南省博物馆新馆园林景观概念设计）

龚上雅（湖南省博物馆新馆专题馆主设计）

覃雨嘉（协调主管）　李健（湖南省博物馆新馆灯光设计）

龚上雅（湖南省博物馆新馆专题馆主设计）

吕洲洋（湖南省博物馆新馆展厅现场问题及效果）

孙越（湖南省博物馆新馆展柜深化设计）　朱湘田（空间模型）

陈嗣飞（湖南省博物馆新馆展厅空间设计）

于正（湖南省博物馆新馆多媒体制作深化）

刘绮雨（湖南省博物馆新馆展厅空间设计）

敖展（效果表现）

于正（湖南省博物馆新馆多媒体制作深化）

（湖南省博物馆新馆展厅空间设计）

于正（湖南省博物馆新馆多媒体制作深化）

后记
Postscript

提起笔写这段后记的时候其实感慨良多……

2011年初的时候，团队刚从上海世博会中国国家馆等相关项目完成的节奏中稍事休整，随即我们中央美术学院的设计机构又和矶崎新先生的工作室组成了一个联合团队准备来参加湖南省博物馆改扩建项目的一体化总体概念设计国际竞赛，然后经过努力，我们联合团队最终很幸运地得到了这个极具挑战性的机会，也就此开启了一段长达六年的策划、设计、实施的艰辛旅程。

2017年底，湖南省博物馆新馆正式向全社会开放，凝聚了我们联合设计团队心血的作品将经受社会各界的洗礼和考验，从开馆后的种种社会反响和观众反应看，可以说我们的策划与设计总体上交出了一份合格的答卷，尽管这份答卷还没达到我们心中最满意的效果和最初设定的目标，也不是做"第一个中国设计一体化的博物馆"理念的完美呈现，然毕竟这其中倾注了众多决策者、专家、专业团队和广大支持者的努力和贡献……

从开馆后湖南省博物馆成为湖湘大地明星式、网红级的文化平台和聚焦点，到2018年中国国家文物局将湖南省博物馆新馆陈列评选为"2018中国十大博物馆精品奖"之首，2019年湖南省博物馆新馆室内、展陈总体设计入选第十三届全国美术作品展览进京优秀作品展，湖南省博物馆新馆的一体化总体设计算是得到了国家层面、专业层面和社会层面的相对认可，也可以说是我们联合团队六年辛勤投入收到的一份回报和欣慰吧。

其实，从湖南省博物馆新馆设计伊始，我就有做一本专题记录、专题呈现、剖析背后的故事的主题书籍的想法，其主要初衷是这一段中外设计团队无缝对接，跨领域、多专业融为一体的体悟和经历颇有质感和温度，也非常有感染力和激情，可以说对中国博物馆建设的策划、设计有一定的实验性价值，当然这其中最值得记录的是这一段活生生的故事，充满热情的创作设计岁月和支撑这一切得以实现的心路历程……谢谢中国建筑工业出版社让我将这一美好的愿望成为现实……

说到感谢和感恩的话语，我首先须庆幸有这一段与矶崎新先生、胡倩女士及日方团队精诚合作的经历和宝贵的学习交流机会，这一段历历在目的画面成为难得的美好记忆……还要感谢湖南省博物馆对我们团队在实现这一美好愿望的时候给予的宝贵机会和最大支持！陈远平先生、陈建明先生、段晓明先生、李建毛先生、彭卓群先生、陈叙良先生等领导和专家给予我们的关心和指导亦是我们奋勇前行的力量和动力。我还要特别感谢参与和支持一体化设计体系工作的韩家英先生、郝凝辉先生、杨晓先生、赵勇先生等众多的精英专业人士和社会各界人们……没有你们就没有湖南省博物馆新馆一体化设计理念的系统表达和最终实现。

最后我要感谢的是我们团队的核心骨干、全体团队成员和众多的合作者，在这六年多的时间刻度中对湖南省博物馆新馆面世的投入、努力和奉献，没有团队的全心坚守、坚持就没有书中记录的这充满艰辛、欢愉的创作印迹与终端成果，当然这其中也包括了本书的编辑者、设计者和支持者。这一本专题书籍记录的是我们共同创造、共同欢乐、共同升华过程的点点滴滴，就是我们团队辛勤奋战、共创佳绩、实现梦想的全记录。

开馆五年才出炉的本书，是否能相对有纵深感、有距离、相对客观记录这一切还得静待社会的回音和反馈，但我高兴的是我们大家都为之尽心尽力去做的、富含发展和反思意义的这件事毕竟记录和镌刻于世了……惟望我们的初心能与各位共情、共勉和共享。

2022 年 5 月 30 日
于上海华泰艺术园区

编著者介绍
About the Author

黄建成

　　中央美术学院二级教授、博士生导师，ICAA 国际艺术创意联盟执委会主席、中国美术家协会环境设计艺委会副主任，中华美学学会设计美学委员会副主任，国际奥林匹克艺术委员会（IOAC）委员，国家社科基金艺术学规划专家，教育部学位中心评审专家，《国际设计科学学报》编委，并兼任纽约室内设计学院、中国美术学院等院校的客座教授，湖北美术学院特聘教授，还兼任西安美术学院、澳门城市大学博士生导师。

　　曾担任 2005 日本爱知世博会中国馆艺术总监、总设计师，2010 上海世博会中国国家馆设计总监，2020 迪拜世博会中华文化馆艺术总监，2015、2016、2017、2018 年度中国文化部"欢乐春节·艺术中国汇"纽约主题活动总设计，还主持了中国考古博物馆、湖南省博物馆等大型文化空间的室内展陈总体设计和公共艺术系统设计。作品获"中共中央、国务院颁发上海世博会中国国家馆设计嘉奖""文化部创新奖特等奖""2018 中国十大博物馆精品奖""第九届全国美展铜奖"等多项重要奖项，并被中国美术馆、上海世博会博物馆等学术机构收藏，曾在柏林、威尼斯、北京、上海、广州等地举办多次个人艺术展，并出版《国家形象》《眼中的世界》《场域·黄建成设计》等多本专著和发表多篇论文。

图书在版编目（CIP）数据

构筑呈现:湖南省博物馆新馆一体化设计 ＝ MELODY
OF CREATIVITY: INTERGTATED DESIGN OF THE NEW
MUSEUM OF HUNAN PROVINCE / 黄建成编著. — 北京:
中国建筑工业出版社, 2022.11
ISBN 978-7-112-28062-9

Ⅰ.①构… Ⅱ.①黄… Ⅲ.①湖南省博物馆－建筑设计
Ⅳ.①TU242.5

中国版本图书馆CIP数据核字(2022)第200943号

本书以"构筑呈现"为主题，集中展现湖南省博物馆新馆一体化
设计中的展陈设计思考，并以"策划"——"建筑"——"展陈"——
"一体化"构成内容主线贯穿全篇，全面介绍与诠释湖南省博物馆新
馆的一体化设计。适于从业设计师、教育工作者、从事空间展示设计
及相关领域研究的科研、技术人员和管理人员、艺术设计专业师生、
文博研究人员、艺术爱好者等参考阅读。

统筹： 邹鸣箫
书籍策划： 孔岑蔚 王晓骞
总体设计： 严文鸿
装帧设计： 黄蔚萌 钟欣颖 许宏娜 戴欣晨 张诺琪
整理： 魏金蒙 潘若涵
资料联络与协调： 覃雨嘉 谢俊
部分资料提供： 何为 陈一鸣 王喜光 潘勇 蔡东
杨晓 赵勇 韩家英 赵燕 郝凝辉
责任编辑： 唐旭 吴绫 杨晓
文字编辑： 李东禧
责任校对： 王烨

构筑呈现

湖南省博物馆新馆一体化设计
MELODY OF CREATIVITY
INTERGTATED DESIGN OF THE NEW MUSEUM OF HUNAN PROVINCE
黄建成　编著

*

中国建筑工业出版社出版、发行（北京海淀三里河路9号）
各地新华书店、建筑书店经销
天津图文方嘉印刷有限公司印刷
*

开本：880毫米×1230毫米 1/16 印张：19¼ 插页：15 字数：266千字
2023年2月第一版 2023年2月第一次印刷
定价：**238.00**元
ISBN 978-7-112-28062-9
　　　（39762）

构筑呈现

MELODY
OF CREATIVITY

湖南省
博物馆新馆
一体化
设计

——

INTERGTATED
DESIGN OF
THE
NEW
MUSEUM
OF
HUNAN
PROVINCE

黄建成 编著

中国建筑工业出版社

序 PREFACE

陈建明
原湖南省博物馆馆长
中国博物馆学会副理事长

  当人们从专业认知的角度来讨论博物馆的构筑与呈现时，正确的做法似乎应该是从讨论"博物馆是什么"或者"博物馆应该是什么样"的问题开始，尽管"博物馆是什么"本身就是一个不断在讨论的问题。杰克·罗曼（Jack Lohman）在《博物馆设计：故事、语调及其他》一书的序言中写道："建筑师、艺术家、电影人、策展人、剧场经理、摄影师、餐厅老板，正是这些各行各业的专业人士，在过去的三十年中，影响并改变了博物馆设计"，"……这不再是一块孤立的设计领域，今天的博物馆设计融合了多种理念和方式"。作为公共文化设施的规划与建筑、功能与产品的设计，博物馆设计早已不仅仅是建筑设计和展览设计。本书所呈现的，正是一种新的博物馆设计理念与方式，这就是跨学科、跨专业的"一体化设计"。所涉及的建筑学、设计学及其各自的分支学科与专业自然不在少数，读者在本书中自可一窥堂奥。仅就博物馆学而言，不仅"博物馆是什么"的问题始终在场，并时刻警惕着博物馆"以教育与审美为根本目的"这一英国博物馆定义的核心含义会淹没在博物馆建筑造型与功能分区的讨论之中；而且博物馆类型学、技术学和管理学等分支学科所涉及的藏品保护与保管、陈列展示、教育传播、观众服务与运营管理等专业理念与方法一直贯穿在设计过程之中。这样，当各行各业的专业人士参与"学习中心、会议厅、餐厅、咖啡馆、商店、剧场、花园等"的设计时，便会知道这是"一个现代化的博物馆所必备的几项"，设计团队的使命是"以使博物馆成为一个建设性的环境、一个带来灵感的空间、一个能唤起沉思和学习的地方"（杰克·罗曼语）。

  启动于 2006 年，2010 年开始设计招标的湖南省博物馆改扩建项目，正是在杰克·罗曼所描述的博物馆设计方式发生巨变的时代背景下，尝试实施了极具创新意义的"一体化设计"，即从建筑设计、景观设计、室内设计、导视设计到藏品库区设计、展览设计、导览设计、教学体系设计和观众服务体系以及文创设计全部由中央美术学院、日本矶崎新＋胡倩工作室和湖南省建筑设计院组成的联合团队完成。顺理成章的是，湖南省博物馆不仅组织了各个专业方向的业务人员参与设计全过程，还事先编制了一本厚厚的功能需求报告交给了联合设计团队。在整个行业缺乏完整的工艺技术设计规范的情况下，湖南省博物馆尽己所能提供了详细的经验数据。后来，我将当年的功能需求研究概括为建设博物馆时需要关照的六大体系：即收藏与研究体系、藏品保存与保护体系、当代语境下的现代化传播体系、陈列展览体系、基于自主学习的教学体系和公众参与及观众服务体系。这样，所有不同专业的设计才有所依归。

1908 年，雷奥（Reau）写道："众所周知，博物馆是为其收藏而创建的，因此修建时必须采用仿佛是自内向外的方法，按照其内容来确定其外观"。也就是说，博物馆的收藏体系决定了博物馆的类型，而博物馆类型将影响甚至决定其建筑设计和室内设计乃至景观设计的方向。我不知道建筑大师矶崎新和黄建成教授是否读到过这句话，但我感觉到湖南省博物馆新馆建设的"一体化设计"团队是认同这一理念的。湖南省博物馆1951 年开始筹备，以"地志性博物馆"为建馆目标，兼收自然、历史和艺术类藏品，1956 年初步建成开馆。1972 年至 1974年长沙马王堆三座汉墓出土的数千件文物入藏后，历史考古类博物馆特征明显。也是在此前后，自然类藏品分别外拨，馆务朝历史艺术类方向发展。除马王堆汉墓文物外，商周青铜器、楚文物、晋唐宋元瓷器、明清民国书法绘画和少数民族文物均有重要收藏。据统计，其收藏文物超过五分之一是通过考古发掘获得的。德古意特（De Gruyter）出版社出版的《世界博物馆》（*Museums of the world*）一书将湖南省博物馆归入考古类博物馆是有依据的。应该说，湖南省博物馆新馆建设无论是建筑设计、室内设计还是展示设计，都很好地体现了博物馆的类型特征和地方性文化元素。

比雷奥还要早两百年的莫勒（Damiel Wilhelm Moller）于 1704 年指出："博物馆是为了保存自然与艺术的特殊物品而存在，所以并非只为了观赏和惊叹，而是有识于保存的重要性。它是努力收集与目的相符并予以归类的场所，以便时常能详细地观看及使用，摄取精神上的、光耀上帝、赞颂艺术家的才能、发现自然的力量、帮助他人的安适，或多或少满足每个人心中自然的求知欲"。这一博物馆理念合乎逻辑的发展，是美国博物馆协会于 1969 年发表的《美国博物馆：贝尔蒙报告》中明确指出："博物馆能为观众提供观察艺术、历史或者科学原始证据的机会，这使得博物馆独一无二，也奠定了它作为教育机构的地位"。"本报告的目的之一是提醒联邦政府，博物馆事实上就是教育机构"。作为教育机构的现代博物馆的主要知识产品就是陈列展览。从总体而言，我将博物馆陈列展览称为全民性、终身性、全面性的国民教育教材。迄今为止，中国博物馆界通常将体现本馆性质和收藏特色的常设展览（Permanent Exhibition）称为基本陈列；将短期展出、经常更换的展览称为临时展览（Temporary Exhibition）。在本轮改扩建之前，湖南省博物馆有《马王堆汉墓陈列》《湖南商周青铜器陈列》《湖南名窑陶瓷陈列》《馆藏明清绘画（书法）陈列》和《湖南十大考古新发现陈列》等五个常设展览；从2003 年元月新陈列大楼开放至 2012 年 6 月湖南省博物馆闭馆实施改扩建工程，其间还举办了上百个历史与艺术类的临时展览，题材丰富，影响广泛，确立了历史与艺术类博物馆的定位。

显然，新馆陈列展览是本次一体化设计的重点。我们看到，在当下的中国博物馆建设热潮中，一般馆都是建筑设计招标和展览设计招标二段式的操作方式。参观过湖南省博物馆新馆陈列展览的人，尤其是相关专业人士，一定能体认，如果不是建筑设计和展览设计一体化完成，现有的展示空间和动线方式是不可能实现的。关于这一点，本书有详细生动的阐述，无须在此赘述。谨对当初关于湖南省博物馆新馆陈列展览体系和构建的策划理念略作表述。以行政区划和地理名称命名的湖南省博物馆自然属于区域性博物馆范畴。那么，作为区域性博物馆的湖南省博物馆应该怎样来构建自己的陈列展览体系呢？从根本上说，其依据当然是其宗旨与使命，即"湖南的""全省的"是其收藏与服务的主要对象；再则就是其收藏、研究的藏品决定了其可展示的范围与内容，前文已经提到湖南省博物馆已放弃了在自然科学领域的收藏，因而其陈列展览体系的构建便只能在历史与艺术的领域展开。上文已经交代，本轮改扩建前湖南省博物馆有五个常设展，其中《马王堆汉墓陈列》称为基本陈列，另外四个称为专题陈列。基于湖南省博物馆的宗旨、使命与收藏，新馆我们策划了两个基本陈列，一个是湖南区域历史文化"通史"性的陈列，后来称之为"湖南人"陈列；一个是长沙马王堆汉墓陈列，用"一线"加"一点"的方法，全面反映区域历史文化文明进程的同时，突出区域文明历史上辉煌的亮点。这两个陈列称之为基本陈列，意味着这是长期的展览，通常情况下至少十年以内不会做大的改动。陈列展览体系的第二个部分我们称之为专题陈列，亦即青铜、陶瓷、书画、工艺品等专题陈列展厅。作为一种"类型的"专题展厅，根据研究和藏品情况，策划不同的展览，比如"青铜"展厅，可以是皿方罍的故事，也可以是宁乡青铜器群的展览，展期一般不短于半年，不长于两年，既区别于十年以上的基本陈列，也区别于通常展期短于六个月的临时展览。我们知道，常设展之外的临时展览也是博物馆非常重要的产品类型，湖南省博物馆新馆建筑设计时，临时展厅的设置是重要内容。为了能够容纳尽可能多的题材及不同尺度的展品，真正落实"百年大计"的建馆指导精神，特别做了一个高大无柱的大型临时展厅，为此专门设计了可升降的天棚。听说事后颇有争议，另当后论。在此想介绍博物馆陈列展览体系中另一个专业名称：特别展览（Special Exhibition）。坦白说我也不知道其确切的定义，据我职业生涯所获的体悟，当是指专为某种某类事和物专门策划的展览。美国古根海姆博物馆名誉馆长托马斯·克伦斯将新馆（含改扩建馆）开放时展出的展览称为开幕展，其中包含了常设展和（或）临时展览，我便将其中的临时展览理解为"特别展览"，即专为新馆开幕而策划的临时展览。这个特别展览既要宣示博物馆的定位和追求，又要揭示今后该馆临时展览的类型和品格。我主持策划湖南省博物馆新馆开幕的特别展览时，就提出了一个中国、一个世界；一个历史、一个艺术的定位。这才有了后来的"东方既白"和"在最遥远的地方寻找故乡"这两个大型临时展览。

　　回到一体化设计的博物馆展览设计上来。安德烈·德瓦雷 (André Desvallées) 和弗朗索瓦·迈雷斯（François Mairesse）主编的《博物馆学关键概念》一书中写道："展览是博物馆最基本的特点，可以让博物馆证明自己是感官感受的最佳场所，借用的手段包括展示物件来让人们观看（即视觉）、示范（演示证据之行为）、炫耀（最初为举起圣物让人们崇拜）"。"当我们将展理解成所有展示物件时，那么展览便包括博物馆物——博物馆物件或'真实物'——以及替代物（模型、复制品、照片等）、展示材料（展示工具，如展柜，隔板和挡板）、信息工具（如文字、影像或其他多媒体）以及实用性的指示牌。从这个角度来说，展览相当于一个特殊的交流体系"。在此引用这些文字，是想说明一个观点，即博物馆展览最终确实是一种"视觉呈现"（但不是视觉炫耀），作为"一个特殊的交流体系"，更是多个专业团队一体化设计、制作的最终成果。还想提出一个也许可以讨论的话题，博物馆展览中，博物馆物（真实物，即通常所说的文物、艺术品和标本）的阐释以及在展览替代物、信息工具中的应用，是否需要博物馆物，如商周青铜器相关专业学科的专业人员参与甚至是主导？展览中的替代物、展示材料和信息工具以及指示牌的设计制作是否都要服从于博物馆真实物的识读和阐释？如果我们将博物馆展览比作一部影视作品的话，博物馆物的识读与阐释文本，是否可以视作剧本和分镜头台本？各个相关设计和制作团队是否可以比作影视摄制团队中的摄影、道具等的专业团队？如果是，导演又是谁？是所谓"策展人"吗？假设博物馆人同意这种观点，那么，参与博物馆一体化设计的各个专业团队又是怎样看待这种观点的呢？不过有一点是明确的，即博物馆物本身，包括其识读物和阐释文本，是不可能单独构成一个博物馆展览的。因此展览的一体化设计，尤其是新建博物馆的展览一体化设计，是非常重要的新的设计理念和方式。

当然，一体化设计涉及的范围决不仅仅是建筑设计和上文着重讲到的展览设计，作为一种整体化设计的理念与方法，一体化设计在湖南省博物馆新馆设计实践中，已经延伸到了博物馆各个专业和服务方向，特别是教学体系即学习中心和多媒体传播系统的设计和观众服务如文创产品的设计着力尤多。限于篇幅，不再展开叙述。最后，我想以一个真实的故事来结束这篇已经文不对题的序言。某年有机会造访了美国弗吉尼亚艺术博物馆，正遇上该馆在设计改扩建工程，在馆方介绍时，我注意到其中一张设计效果图。这是一张博物馆餐厅的室内效果图，窗外流水潺潺，草坪翠绿，靠窗的餐桌上已摆好了餐具，那张印有该馆 logo 的餐巾纸给我留下深刻的印象。两年后，我又有幸访问该馆，馆方招待在博物馆餐厅用餐。不知是巧合还是刻意安排，因为我当年访问时曾问过馆方，设计效果图仅仅只作示意，还是会有多大程度的完成度？我就坐在当年示意图那个位置的餐桌用餐，不仅窗外的景色丝毫不差，餐桌上的餐巾纸也一模一样。我有效果图和实景照片为证。这就是我心目中的博物馆设计。虽不能至，心向往之。

谨以为序。

2022 年初夏

构筑呈现

湖南省博物馆新馆
一体化设计

Chapter One

第一篇章
构+筑

序

Chapter Two 第二篇章 呈丨现

Chapter Three 第三篇章 集丨声

目录

Contents